# TRAICTÉ DE LA MESVRE DES EAVX COVRANTES DE

## BENOIST CASTELLI RELIGIEVX DV MONTCASSIN ET

Mathematicien du Pape Vrbain VIII.

### TRADVIT D'ITALIEN EN FRANCOIS.

Auec vn difcours de la ionction des Mers, adreffé a Meffeigneurs les Commiffaires deputez par Sa Majefté.

*Enfemble vn Traitté du Mouuement des eaux d'Euangelifte Torricelli Mathematicien du Grand Duc de Tofcane.*

Traduit de Latin en François,

## A CASTRES,

Par BERNARD BARCOVDA, Imprimeur du Roy, de la Chambre de l'Edict, de ladite Ville & Diocefe. 1664.

# A MESSEIGNEVRS LES
# COMMISSAIRES
## DEPVTEZ PAR LE ROY, POVR LA IONCTION DES MERS.

ESSEIGNEVRS,

Le deßein, pour lequel vous auez eſté
commis par ſa Maieſté, eſt ſans doute vn
tres-grand deßein, & digne d'vn grand Roy. Il ne faut
pas croire pourtant qu'il ſoit impoſsible, ny que l'entrepriſe
en ſoit temeraire, comme ſi l'on vouloit faire violence à la
nature, & à la diſpoſition du monde. Ie ſçay bien qu'il y a
eu autresfois de perſonnes, ou ignorantes, ou ſuperſtitieuſes,
qui ont blaſmé le deßein que le Roy Demetrius, & apres
luy, les Empereurs Iule Cæſar, Caligula, & Neron,
auoient fait de percer l'Iſthme de Corinthe : Qui ont eſcrit

ã

que les Ouuriers furent espouuantez par diuers prodiges, qui
les contraignirent d'abandonner le trauail: Et que les
Rois d'Egypte auoient bien eu la pensée, mais qu'ils n'oze-
rent iamais entreprendre, de ioindre la Mer rouge à la Mediterranée. Peut-estre qu'il y a encore auiourd'huy de personnes qui raisonnent de la mesme façon, touchant la
ionction de la Mer Mediterranée auec l'Ocean, par le
moyen des Riuieres qui sont entre-deux, & qui disent comme
ces gens-la, qu'il ne faut pas que les hommes entrepren-
nent de changer l'ordre que Dieu a mis dans l'Vniuers.
Mais s'il y a quelqu'vn qui soit dans cette erreur, il n'est
pas difficille de luy faire comprendre, que Dieu a establý
l'homme sur la terre, comme son Lieutenant ; qu'il luy a
donné la liberté de se seruir de toutes ses creatures, animées,
& inanimées ; & mesme de changer leurs inclinations naturelles, pour les employer à son vsage, non seulement pour
la necessité, mais aussi pour le plaisir & pour la magnificen-
ce. Ainsi il ne luy a pas seulement permis d'opposer des di-
gues aux flots de la Mer, & de chaussées aux inondations
des Riuieres, mais aussi de les destourner de leurs cours
naturel pour arroser des campagnes seches & steriles, & de
faire monter l'eau dans les tuyaux de ses fontaines, pour
l'embelissement de ses parterres. Il luy a donné l'adresse d'a-
priuoiser les Tygres & les Lyons, & de dompter la force
des Elephans pour leur faire traïsner ses chars de triomphe:
de dresser les oiseaux de proye, pour luy seruir de chasseurs,
de leur donner l'essor dans les airs, & de les faire reuenir
sur le poing quand il les rapelle. Dieu ne trouue pas mau-
uais qu'il ente des arbres, ny qu'il fasse accoupler des animaux de diuerse nature, pour faire naistre par ce meslange

des especes d'arbres, & d'animaux , qui n'ont point esté
creées. Les longs voyages que le Roy Salomon faisoit faire
en la terre d'Ophir auec tant de temps, & tant de peine,
nous monstrent assez, qu'il ne desaprouue pas, que l'homme
trauerse les vastes estenduës des Mers, pour auoir commerce auec des peuples, qui semblent estre sous vn autre
ciel, & hors de toute communication.   Pourquoy doncques croirons-nous, que ce soit violer les loix de la nature, de ioindre les Mers, pour faciliter le commerce, &
pour auoir plus de moyen de nous secourir les vns les
autres ? Que si les Princes qui vouloient faire vne isle
de tout le Peloponese, n'acheuerent pas  le trauail qu'ils
auoient commencé, c'est qu'ils en furent empeschez par
de guerres, & par de fascheuses affaires qui leur suruinrent.
Car ceux qui craignoient que l'Isle d'Aegine ne fut su-
mergée par l'ouuerture de l'Isthme, comme si l'eau, qui
est dans le Golphe de Lepante, estoit plus haute que celle
qui est dans le Golphe d'Aegine, faisoient paroistre leur
ignorance, puis que l'experience nous enseigne que l'eau
qui est en liberté, prend d'elle-mesme son niueau, &
conserue l'esgalité de sa surface, à cause de la fluidité de
ses parties.   Et quand aux Rois d'Egypte ils n'exe-
cuterent pas leur dessein, d'autant que ceux qui vouloient
faire le Canal au trauers du desert, qui separe la
Mediterranée d'auec la pointe de la Mer rouge, recognu-
rent qu'il seroit impossible d'y en faire vn qui fût de
durée, parce que le terrain n'estoit que du sable mouuant,
que le vent emportoit, qui combleroit dans vne nuit le
trauail de plusieurs années, & rendroit inutiles les soins,
& la diligence de tous les ouuriers.   Les autres qui vou-

loient faire la ionction, en tirant vn Canal depuis le Nil iusques a la Mer rouge, aprehenderent iustement que la marée ne montat iusques dans la Riuiere, qu'elle ne corrompit ses eaux, & quelles n'eussent plus la vertu de rendre l'Egypte fertile, ainsi qu'elles font, ny de seruir de breuuage aux habitans, & aux animaux du pais, a qui la nature n'a donné aucune autre eau, que celle du Nil. Dans le dessein, MESSEIGNEVRS, que l'on propose auiourd'huy à Sa Maiesté, il ne se rencontre aucun de ces obstacles. En l'année 1598. Monsieur le Cardinal de Ioyeuse, suiuant l'ordre exprés qu'il auoit receu du Roy Henry quatriesme, fit examiner cette affaire par de personnes intelligentes, qui aprez auoir esté sur les lieux rapporterent que la chose n'estoit pas seulement possible, mais qu'elle estoit aussi tres-aduantageuse à la Prouince, & à tout le Royaume. La Lettre qu'il en escriuit au Roy en ce temps là, que l'on a donnée au public depuis quelques années auec les memoires pour l'Histoire de ce Cardinal, merite d'estre leuë, d'autant qu'elle contient plusieurs particularitez, qui regardent le deuis de ce Canal, auec le temps, & la depense qu'il y faudroit employer. En l'année 1604. Monsieur le Conestable de Montmorancy, eut ordre du mesme Prince, de faire visiter les lieux par des Experts, qui firent vn rapport conforme au precedent. Et enfin en l'année 1632. Monsieur le Cardinal de Richelieu auoit eu la pensée de faire executer ce dessein, mais les grandes affaires de l'Estat l'empescherent de s'y appliquer. Auiourd'huy MESSEIGNEVRS que Sa Maiesté a examiné luy-mesme les propositions qui luy en ont esté faites, & que par les lumieres infaillibles de son esprit, il à compris & resolu l'execution de ce glorieux proiet, & qu'il vous a commis, *MESSEIGNEVRS,* pour prendre les expediens les plus promps, & les plus asseurez pour le faire reüssir, qui pourra douter desormais du succez de cette entreprise. Il est vray qu'elle ne peut estre executée qu'auec vne grande despense. Mais aussi nostre inuincible Monarque est le plus grand, & le plus puissant Prince de toute la terre. Le ciel qui l'a donné a la France, comme par miracle, la destiné aussi pour executer de choses extraordinaires. Il viendra à bout de ce grand ouurage, qui rendra son nom illustre dans tous les siecles à venir. Il semble mesme, *MESSEIGNEVRS,* que c'est à luy a qui le Ciel en a reserué l'execution par les obstacles, qu'il y a fait naistre autresfois. Charlemagne, François premier, Henry quatriesme ont bien eu la mesme pensée, mais ils ont esté empeschez de l'executer. Il faloit que ce fut l'inuincible *LOVIS XIV.* qui en vint a bout, & qui en eut toute la gloire. D'ailleurs l'on ne peut pas dire que ce soit vne depense de vanité & d'ostentation, côme les Pyramides d'Egypte. C'est vn dessein qui apportera de tres-grandes richesses a tout le Royaume, & particulierement à cette Prouince, par la communication que nous aurons auec les estrangers, & par le peu de depense qu'il faudra faire, pour transporter les marchandises, & toutes sortes de denrées, dans les Prouinces voisines. C'est doncques à vous, *MESSEIGNEVRS,* à faire en sorte qu'il reussisse. Comme sa Maiesté a recognu en plusieurs affaires tres-importantes, vostre prudence, & vostre sage conduite, il attend encore en celle-cy les effets de ces admirables vertus, que vous possedez en vn degré si eminent. Toute

la France, & particulierement tous les habitans de cette
Prouince, & leur posterité aprez-eux, conserueront eternellement en leur memoire, vos Illustres Noms & l'aduantage que vous leur aurez procuré par vos soins, & dont
ils ressentiront les fauorables effets, tous les iours de leur
vie. Mais comme chaque bon citoyen est obligé de contri-
buer, ce qu'il peut, pour la gloire de son Prince, & pour le
bien de son païs, i'ay traduit en nostre langue vn traicté
de la mesure des eaux courantes, qui ne sera peut estre
pas inutille a ceux qui auront soin de la ionction des
Mers. Ie prens la liberté de vous le presenter, MES-
SEIGNEVRS, & i'ose esperer, que vous agreerez le pre-
sent que ie vous en fay, lors que vous sçaurez qu'il a esté
composé par vn des plus grands Mathematiciens d'Italie,
par le commandement d'Vrbain VIII. le plus sçauant,
& le plus curieux de tous les Papes, dans le dessein qu'il
auoit de remedier au debordement des Riuieres, & de rendre l'Italie plus fertile en la deschargeant des eaux ma-
rescageuses, qui la couurent en plusieurs endroits. Il est
remply de plusieurs belles obseruations, qui regardent le
cours, & la conduite des eaux dont le public, & les particuliers peuuent tirer de tres-grands auantages. Il contient l'explication d'vne matiere toute nouuelle, qu'aucun des autheurs Anciens ny modernes, n'auoit auant
luy, ie ne dis pas traictée à fonds, non pas mesmes esbau-
chée, ny presque pas decouuerte. Si vous agréez, MES-
SEIGNEVRS, que ma traduction paroisse sous vostre
illustre nom, ie ne doute pas, qu'elle ne soit fauorablement
receuë de tout le monde. Mais outre la satisfaction que
i'auray, d'auoir fait quelque chose qui vous aye pleu, i'au-

ray encore celle, d'auoir donné vn tesmoignage de desir
que i'ay de seruir le public, & d'auoir trouué l'occasion de
vous asseurer que ie suis auec respect

*MESSEIGNEVRS,*

Voftre tres-humble &
tres-obeiffant feruiteur.
**SAPORTA.**

# AD LVDOVICVM XIV.
## Galliarum Regem Inuictissimum.
### De coniungendis Maribus.

Illuftrem toto Orbe dedit Rupella Parentem,
   Cùm iactâ, Oceani, Mole repreffit aquas
Æquora fi iungas, fuerit tua gloria Maior,
   Iungere Majus opus, quàm freta diuidere.
Quippe fretum Macedo Tyrium diuifit, at aufus
   Æquora, te præter, iungere nemo fuit.

# AV TRES-SAINCT, TRES-BON, ET TRES-GRAND PAPE VRBAIN VIII.

IE presente aux pieds de vostre Saincteté, ces reflexions que i'ay faites sur la mesure des eaux courantes. Si i'ay esté assez heureux d'auoir trouué quelque verité, en vne matiere tres-difficile, & qui n'a esté traictée par aucun Autheur ancien, n'y moderne, ce sera vn effet du commandement, que i'ay receu de vostre Saincteté ; mais si au-contraire la foiblesse de mon esprit m'a empesché de toucher au but, que ie m'estois proposé, ce mesme commandement me seruira d'excuse enuers les personnes de iugement, & principalement enuers vostre Saincteté, à laquelle ie baise les pieds auec deuotion.

De Vostre Saincteté.

Le tres-humble seruiteur.
BENOIST Religieux du
Montcassin.

A Rome.

# TRAICTE' DE LA MESVRE DES EAVX COVRANTES

A recherche du mouuement dans les choses naturelles est digne d'vne si grande consideration que le Prince des Peripateticiens a prononcé dans son Eschole cette Sentence si commune que le mouuement n'estant point cogneu, la nature ne l'est point aussi. Et c'est pour cela que les veritables Philosophes se sont si fort estudiés a la contemplation des mouuemens celestes, & a la speculation des mouuemens des animaux qu'ils sont arriuez a vne merueilleuse sublimité, & subtilité d'esprit. Il faut comprendre soubs la mesme science du mouuement tout ce que la Mechanique nous enseigne des Machines qui se meuuent d'elles mesmes, des Machines a vent, & de celles qui seruent pour remüer auec peu de force des poids & des corps d'vne grandeur extraordinaire. On peut dire qu'il appartient a la

A

cognoiſſance du mouuement tout ce qui a eſté eſcrit de l'alteration non ſeulement de nos corps, mais meſme de nos eſprits, & en vn mot cette ample matiere du mouuement eſt ſi eſtenduë, qu'il y a peu de choſes qui tombent ſoubs noſtre cognoiſſance, qui ne ſoient iointes auec le mouuement, ou qui ne dependent de luy, ou qui n'ayent du rapport a la ſcience que nous en auons; de toutes ces choſes, il y a des doctes traictés qui en ont eſté eſcrits & compoſez par de tres-grands eſprits, mais parce que ces années paſſées i'ay eu l'occaſion par l'ordre du Pape Vrbain VIII. d'apliquer mon eſprit au mouuement des eaux des Riuieres ( qui eſt vne matiere difficile, tres-importante, & qui a eſté traictée par peu de perſonnes, ) & que i'y ay remarqué quelques particularitez que l'on n'auoit pas bien examinées n'y conſiderées iuſques icy, bien qu'elles ſoient de grande importance pour le public, & pour les particuliers, i'ay creu qu'il eſtoit neceſſaire de les publier, afin que les plus grands eſprits ayent occaſion de traicter auec plus d'exactitude que l'on n'a encore fait d'vne matiere ſi vtile & ſi neceſſaire, & qu'ils puiſſent ſuppleer aux defaux que i'auray fait dans ce petit & difficille traicté. Ie dis qu'il eſt difficille, parce qu'il eſt certain que ces cognoiſſances, bien que ce ſoit de choſes qui ne ſont pas eſloignees de nos ſens, ſont quelquesfois plus abſtruſes & plus cachées que les cognoiſſances que nous auons des choſes les plus eſloignées. Car il ne faut point douter que nous ne cognoiſſions mieux les mouuemens des Planetes, & le cours des Eſtoiles, que nous ne cognoiſſons le mouuement des Riuieres & de la Mer, ainſi que le plus grand Philoſophe de noſtre temps mon maiſtre, le docte & l'incomparable Galilée Galilei a tres-bien remarqué dans ſon traicté des taches du Soleil.

Mais pour proceder auec l'ordre qui eſt conuenable aux ſciences, i'eſtabliray quelques ſuppoſitions, & quelques cognoiſſances aſſez claires, deſquelles ie tireray de concluſions principales : Et afin que ce que i'ay eſcrit a la fin de ce diſcours, auec vne methode demonſtratiue & geometrique, puiſſe eſtre entendu, meſme par ceux qui n'ont iamais appliqué leur eſprit a la Geometrie, i'ay taſché d'expliquer ma penſée par vn exemple, & par la conſideration des meſmes choſes naturelles, & auec le meſme ordre preciſément auec lequel, ie commencay de douter ſur cette matiere. I'ay mis ce particulier traicté icy au commancement auec cét aduis, que celuy qui veut auoir vne plus ample & plus parfaite cognoiſſance des veritables & ſolides raiſons, peut s'il veut, paſſer tout ce diſcours, & conſiderer ſeulement les demonſtrations qui ſont a la fin de ce traicté, & apres il peut reuenir pour conſiderer ce qui eſt contenu dans les Corollaires, & dans les appendices, toutesfois ces demonſtrations pourroient encore eſtre laiſſées par celuy qui n'auroit pas veu les ſix premiers liures d'Euclide, pourueu qu'il entende bien ce qui ſuit.

Ie dis donques qu'ayant ouy ſouuent parler en diuerſes rencontres de la meſure des eaux, des Riuieres, & des Fontaines, & que l'on diſoit, vne telle Riuiere a deux mille & trois mille pieds d'eau, & qu'vne

A 2

télle Fontaine a vingt, trente ou quarante pouces d'eau, bien que par ce moyen ie recogneuſſe que tous ceux qui traicloient de ces choſes parloient & eſcriuoient de meſme façon & ſans aucune diuerſité, meſme iuſques aux plus ſçauans & aux Ingenieurs : comme ſi c'eſtoit vne choſe qui ne peut receuoir aucune difficulté, toutesfois ie me trouuois touſiours enuelopé dans vne obſcurité, qui me faiſoit bien recognoiſtre que ie n'entendois rien du tout, de ce dont les autres penſoient auoir vne claire & parfaite cognoiſſance. Et ce doubte me venoit d'auoir ſouuent obſerué pluſieurs foſſez, & canaux qui conduiſent l'eau pour faire moudre de Moulins, dans leſquels foſſez & canaux ſi l'on meſuroit l'eau, on la trouuoit aſſez groſſe, mais ſi l'on meſuroit apres la meſme eau en la cheute qu'elle faiſoit pour faire tourner la rouë du Moulin, elle eſtoit beaucoup moindre, puis que ſouuent elle n'arriuoit pas a la dixieſme, ny quelquesfois a la vingtieſme partie de la premiere meſure, en telle ſorte que la meſme eau courante auoit vne plus grande ou vne plus petite meſure en diuerſes parties de ſon lit, & c'eſt pour cela que la façon ordinaire de meſurer les eaux courantes eſtant vague & indeterminée, me ſemble iuſtement eſtre ſuſpecte d'erreur, puis qu'il faut que la meſure ſoit vne, egale & determinée, & icy ie ſuis obligé d'aduoüer ingenuement que le ſieur Chiampoli Secretaire des brefs ſecrets du Pape m'a donné de grandes lumieres pour reſoudre cette difficulté, par la façon tres-exquiſe & tres-ſubtile auec laquelle il raiſonne ſur cette matiere, de meſme que ſur toutes les autres,

mais encore outre cela il a fait genereusement toute
la dépense necessaire pour me donner moyen ces
années passées de descouurir par des exactes experiences toutes les particularités de cette obseruation.

Mais pour expliquer tout cecy plus clairement
par vn exemple, il faut supposer vn Vaisseau plein
d'eau, tel que seroit vn tonneau, lequel demeure tousiours plein, bien que l'eau en sorte continuellement,
& supposons que l'eau en sorte par deux robinets
d'egale grosseur, dót l'vn soit mis au haut du tonneau,
& l'autre au bas, il est certain que dans le mesme
temps, dans lequel il sortira du robinet plus haut
vne certaine mesure d'eau ; du plus bas il en sortira
quatre, cinq, & dauantage des mesmes mesures
d'eau, selon que la difference de la hauteur des robinets sera plus grande, & selon l'eloignement du
robinet superieur de la surface & du niueau de l'eau
qui est dans le tonneau : & cela sera tousiours ainsi,
bien que, comme il a esté dit, les robinets soient
esgaux, & que l'eau en sortant remplisse tousiou.
leur canal. D'ou il faut remarquer premierement,
que bien que la mesure des robinets soit esgale,
neantmoins dans vn temps egal il sort & passe par
leurs trous vne quantité inesgale d'eau. Et si nous
considerons cecy plus attentiuement, nous trouuerons
que l'eau qui sort par le robinet inferieur passe auec
beaucoup plus de vistesse que ne fait celle qui sort par
le robinet superieur, qu'elle qu'en soit la cause. Si
doncques nous voulons qu'il sorte du robinet superieur la mesme quantité d'eau que de l'inferieur en

vn temps egal, qui ne voit qu'il faudra multiplier les robinets en la partie superieure, & mettre au haut du tonneau vn plus grand nombre de robinets, & d'autant plus grand que le robinet d'embas sera plus viste que celuy d'en-haut, ou bien faire le robinet superieur d'autant plus grand que l'inferieur, que l'inferieur est plus viste que le superieur. Et ainsi en vn temps égal il sortira vne esgale quantité d'eau du robinet superieur & de l'inferieur. Et partant supposé ce raisonnement, nous pourrons dire que toutes les fois que deux robinets de differente vistesse ietteront vne esgale quantité d'eau en temps esgaux, il faudra que le robinet moins viste soit plus gros, & ait le trou plus grand que le robinet plus viste, d'autant que le robinet plus viste surpasse en vistesse le moins viste, & pour exprimer la proposition en termes plus propres, nous dirons, que si deux robinets d'inesgale vistesse iettent en temps esgaux vne esgale quantité d'eau, la grandeur du premier a la grandeur du second, aura la proportion reciproque de la vistesse du second, a la vistesse du premier, comme par exemple, si le premier robinet est dix fois plus viste que le second, il faudra que le second soit dix fois plus grand, & plus ouuert que le premier, & par ce moyen les robinets ietteront en temps esgaux vne esgale quantité d'eau, & c'est le point principal, & le plus important dont il se faut tousiours bien souuenir, parce que de cestuy-cy bien entendu dependent plusieurs choses tres-vtiles, & qui meritent qu'on les entende.

Maintenant pour appliquer a nostre dessein tout

ce que nous auons dit iufques icy, ie confidere qu'eftant tres-certain qu'en diuerfes parties d'vne mefme Riuiere, ou canal d'eau courante, il paffe toufiours en temps efgaux, vne efgale quantité d'eau, ( ce qui encore eft demonftré dans noftre premiere propofition, ) & eftant encore vray qu'en diuerfes parties de la mefme Riuiere, il y peut auoir diuerfes viteffes, il s'enfuiura par neceffaire confequence, que là ou la Riuiere aura moins de viteffe, elle aura plus de mefure, & aux endroits ou elle aura plus de viteffe, elle aura moins de mefure, & pour le dire en peu de mots les viteffes des diuerfes parties de la mefme Riuiere auront eternellement la proportion reciproque auec leurs mefures, ce principe eftant eftably pour fondement, que la mefme eau courante va changeant la mefure, fuiuant qu'elle change de viteffe, c'eft à dire qu'elle diminuë de mefure lors qu'elle augmente en viteffe, & que lors qu'elle augmente en mefure, elle dimiuüe en viteffe. Ie paffe a la confideration de diuers accidens particuliers qui font merueilleux en cette matiere, & qui dependent tous de cette feule propofition, la force de laquelle i'ay repeté plufieurs fois afin qu'elle fut bien entenduë.

## COROLLAIRE PREMIER.

ET premierement de cecy il faut conclurre que les mefmes debordemens d'vn torrent, c'eft à dire ces debordemens qui portent efgale quantité d'eau en temps efgaux, ne font pas la mefme hauteur

ou mesure dans la Riuiere, dans laquelle ils entrent,
si ce n'est lors qu'en entrant dans la Riuiere ils acquierent ou pour mieux dire ils conseruent la mesme
vistesse, parce que si la vistesse qu ils acquierent dans
la Riuiere est diuerse, la mesure aussi sera diuerse &
par consequent la hauteur, ainsi qu'il a esté demonstré.

## Corollaire second.

ET parce qu'à mesme temps que la Riuiere grossit
d'auantage, il arriue aussi ordinairement qu'elle
augmente a proportion de vistesse, de la vient que
les mesmes debordemens du torrent qui entre dans
la Riuiere font tousiours leur mesure & leur hauteur
plus petite, d'autant plus que la Riuiere se trouue
plus grosse, parce que lors que l'eau du torrent est
entrée dans la Riuiere, elle va tousiours augmentant
de degrés de vistesse, & à mesme temps elle diminuë
d'autant de mesure & de hauteur.

## Corollaire troisiesme.

IL faut encore obseruer, que lors que la Riuiere
principale est basse, s'il suruient vne pluye mediocre,
elle ne laisse pas de faire tout a coup vn grand accroissement qui enfle la Riuiere, mais lors qu'elle est
desia grosse, bien qu'il suruienne vne grosse & forte
pluye, toutesfois la Riuiere ne croit pas tant qu'elle
auoit fait au commencement à proportion de la grosse
pluye qui est suruenuë : Surquoy nous pouuons dire.

que cela

que cela depend particulierement, de ce qu'au premier cas pendant que la Riuiere est basse, elle se trouue assez lente, & partant le peu d'eau qui y entre va lentement, & passe auec peu de vistesse, & par consequent occupe beaucoup de mesure, mais lors que la Riuiere est desia grosse, la nouuelle eau qui arriue la rendant encore plus viste, est cause que la grande quantité d'eau qui suruient, à moins de mesure & ne fait pas vne si grande hauteur.

## *Corollaire quatriesme.*

DE ce qui vient d'estre demonstré il est manifeste, que lors qu'vn torrent entre dans vne Riuiere, quand elle est basse, alors le torrent se meut auec vne telle vistesse, qu'elle qu'elle soit, passant par ses dernieres parties, par lesquelles il communique auec la Riuiere, & si l'on mesure le torrent en ces parties là, il aura vne telle mesure, mais lors que la Riuiere croist, & qu'elle s'enfle, alors les mesmes parties du torrent viennent à croistre de grandeur, & de mesure, encore qu'en ce temps là le torrent ne donne pas plus d'eau qu'il en donnoit auparauant, de sorte que lors que la Riuiere aura grossi, il nous faudra considerer deux bouches du mesme torrent, l'vne plus petite auant que la Riuiere fut enflée, l'autre plus grande aprés qu'elle a esté enflée, lesquelles bouches deschargent vne esgale quantité d'eau en temps égaux, doncques la vistesse sera plus grande par la petite bouche, que n'est la vistesse par la grande bouche, & ainsi le torrent sera retardé de son cours ordinaire.

## Corollaire Cinquiesme.

DE cette operation de la nature procede vn autre effet digne de consideration, qui est que le cours de l'eau estant retardé, comme il a esté dit en ces dernieres parties du torrent, s'il arriue que le torrent deuienne trouble, & que son eau soit retardée, en telle sorte qu'elle ne puisse pas emporter ces petites parties terrestres qui la rendent trouble, alors le torrent deuiendra clair, en laissant tomber ces petites parties qui rehausseront le fond de son lict à l'endroit des dernieres parties de son cours dans la Riuiere, & ce rehaussement & residence des parties terrestres sera aprés emporté, lors que la Riuiere s'abaissant le torrent reprendra sa premiere vistesse.

## Corollaire sixiesme.

PVis que nous auons demonstré, que la mesme eau courante a diuerses mesures dans son canal, selon que sa vistesse est diuerse, en telle sorte que tousiours la mesure de l'eau est plus grande, là ou la vistesse est moindre, & au contraire qu'il y a moins de mesure, là ou il y a plus de vistesse; de la nous pouuons fort bien rendre la raison du prouerbe vulgaire, garde toy des eaux dormantes, car si nous considerons la mesme eau d'vne Riuiere aux endroits ou elle est moins viste, à cause dequoy elle est appellée coye ou dormante, elle aura necessairement plus de mesure, qu'aux endroits ou elle est plus viste, & pourtant elle sera aussi

plus profonde & plus dangereuſe à paſſer à gué, &
c'eſt pour cela que l'on dit fort bien, garde toy des
eaux coyes & dormantes, laquelle façon de parler a
eſté apres appliquée aux choſes morales.

## Corollaire ſeptieſme.

NOus pouuons auſſi conclurre de ce que nous venons de demonſtrer, que les vents qui ſouflent
dans l'emboucheure d'vne Riuiere, & qui retardent
ſon cours & ſa viſteſſe ordinaire, ſont neceſſairement
cauſe que la meſure de la meſme Riuiere deuient plus
grande, & par conſequent ils cauſent principalement,
ou pluſtoſt ſi vous voulez ils contribuent puiſſam-
ment à cauſer les inondations extraordinaires que les
Riuieres ont accouſtumé de faire. Et c'eſt vne choſe
tres-aſſeurée, que toutes les fois qu'vn vent fort &
continuel ſouflera contre le courant d'vne Riuiere, &
qu'il retardera ſon cours, en telle ſorte que dans le
temps dans lequel elle faiſoit auparauant cinq mille,
elle n'en faſſe qu'vn ſeulement, vne telle Riuiere
croiſtra cinq fois plus de meſure, bien qu'il ne luy ſur-
uienne d'autre eau d'ailleurs ; ce qui eſt merueilleux,
mais pourtant tres-veritable, car telle proportion
que la viſteſſe de l'eau à auant le vent, auec la viſteſſe
apres le vent, telle proportion reciproque à la meſure de la meſme eau apres le vent, à la meſure deuant
le vent, & parce que nous ſuppoſons en ce cas icy
que la viſteſſe ſoit cinq fois moindre, doncques la
meſure ſera augmentée cinq fois plus qu'elle n'eſtoit
auparauant.

## Corollaire huictiesme.

NOus pouuons tirer vray-semblablement de là la cause des inondations du Tybre qui arriuerent a Rome soubs Alexandre VI. & Clement VII. lesquelles arriuerent en temps beau & serain, & sans que l'on en peut attribuer la cause aux neiges fonduës, ce qui donna beaucoup a parler aux esprits de ce temps là, Mais nous pouuons asseurer auec beaucoup de probabilité que le Tybre vint a cette hauteur & deborda de cette sorte, par le retardement de ses eaux, causé par les vens violens, & continuels, qui soufflerent alors contre son courant, ainsi que remarque l'Histoire de ce temps-là.

## Corollaire neufiesme.

PVis qu'il est manifeste que par la grande abondance d'eau les torrens peuuent croistre, & qu'eux seuls peuuent ensuite faire enfler les Riuieres extraordinairement, & puis que nous auons demonstré qu'vne Riuiere sans y adiouster aucune nouuelle eau, mais par le seul retardement de son cours, peut grossir & déborder, & qu'elle augmente d'autant plus de mesure, qu'elle diminuë de vistesse, de là il est manifeste que chacune de ces causes estant assez puissante elle seule, & separement, de faire enfler vne Riuiere, lors que par hazard toutes les deux se rencontreront ensemble, elles causeront alors de tres-grandes & tres-dommageables innondations.

## Corollaire dixiesme.

PAr mesme raison on peut facilement resoudre la difficulté, qui a trauaillé, & qui trauaille encore tous les iours les plus diligens, mais peu aduisés obseruateurs des Riuieres, lesquels mesurans les Fleuues & les torrens qui entrent dans vne autre Riuiere; comme par exemple, ceux qui entrent dans le Po, ou ceux qui entrent dans le Tibre, & ayans assemblé toutes ces mesures, & comparans les mesures des Riuieres, & des torrens, qui entrent dans le Tibre, auec la mesure du Tibre mesme, & les mesures de ceux qui entrent dans le Po, auec la mesure du Po mesme, ne les trouuent pas esgales, comme il leur semble qu'elles deuroient estre, & cela, parce qu'ils n'ont iamais pris garde au point tres-important de la diuersité de la vistesse, & qu'elle est vne cause tres-puissante pour changer merueilleusement la mesure des eaux courantes; mais nous resoluans tres-aisement la difficulté, nous pouuons dire que ces eaux diminuent de leur mesure, dés qu'elles sont entrées dans la Riuiere principale, parce qu'elles augmentent de vistesse.

## Corollaire onziesme.

POur n'auoir pas compris la force de la vistesse de l'eau, & qu'elle change de mesure, & deuient plus grande, lors que la vistesse diminuë, & moindre, lors que la vistesse augmente : l'Architecte Iean Fontana se resolut de mesurer, & de faire mesurer par vn de

ſes nepueus, tous les foſſez, & toutes les Riuieres, qui
deſchargerent leurs eaux dans le Tibre, au temps de
l'inondation qui arriua a Rome en l'année 1598. & il
fit imprimer vn Liuret, dans lequel, apres auoir amaſ-
ſé la meſure de l'eau extraordinaire, qui entre dans le
Tibre, il trouue par ſon compte, qu'il y en auoit enuiron cinq cens canes plus que de l'ordinaire ; & à la
fin de ce traicté, il conclud que pour deliurer entierement Rome des inondations du Tibre, il ſeroit neceſſaire de faire deux autres canaux, egaux à celuy qui
y eſt à preſent, & que moins ſuffiroit ; & trouuant
apres, que toute l'eau du debordement eſtoit paſſée
ſous le Pont de Quatro Capi, (l'ouuerture duquel a
beaucoup moins de meſure que cinq cens canes ) il
conclud, que ſous ce Pont eſtoient paſſées cent cinquante vne canes d'eau preſſée, ( i'ay mis preciſement
le terme d'eau preſſée, dont s'eſt ſerui Fontana ) en
quoy ie remarque pluſieurs erreurs.

La premiere deſquelles eſt, d'auoir creu que la meſure de ces eaux priſe dans les canaux de ces foſſez, &
de ces Riuieres, dût ſe conſeruer la meſme dans le
Tibre, ce qui, ſous ſon ſupport, eſt tres-faux, toutes
les fois que ces eaux eſtant dans le Tibre, ne conſer-
uent pas la meſme viteſſe, qu'elles auoient dans les
canaux, dans leſquels Fontana & ſon nepueu les
auoient meſurées, & tout cela eſt manifeſte par les
choſes que nous auons expliquées cy-deuant, parce
que ſi ces eaux lors qu'elles ſont dans le Tibre,
augmentent en viteſſe, elles diminuent de leur meſure, & ſi elles diminuent de leur viteſſe, elles
augmentent en meſure.

Pour vn second ie confidere que les mefures de ces
foffez, ou Riuieres, qui entrerent dans le Tibre au
temps de l'inondation, ne font pas entre elles reelle-
ment les mefmes, toutes les fois que leurs viftefles ne
font pas efgales, encore bien qu'elles ayent le mefme nom de canes ou de paulmes ; d'autant qu'il fe
peut faire qu'vne emboucheure de dix canes quar-
rées de l'vn de ces foffez, aura porté dans le Tibre
au temps de l'inondation, quatre, dix, & vingt fois
moins d'eau, qu'vne autre emboucheure efgale a la premiere en grandeur n'en aura dégorgé, ce qui fera arriué
lors que la premiere bouche aura efté, quatre, dix,
ou vingt fois moins vifte que la feconde. Là ou lors
que Fontana ramaffe les canes, & les paulmes des
mefures de ces foffez, & Riuieres en vn blot, il fait
la mefme faute que feroit celuy qui blotteroit enfemble diuerfes monnoyes de differante valeur, & de
differens païs, mais qui feroient appellées d'vn mefme
nom, comme fi l'on difoit que dix efcus de monnoyé
de Rome, quatre efcus d'or, treize efcus de Florence,
cinq efcus de Venife, & huict efcus de Mantoué fiffent
en tout quarante efcus d'or, ou quarante efcus de
Mantoué.

Pour vn troifiefme, il fe pouuoit faire que quelque Riuiere, ou foffé, aux endroits les plus proches de
Rome, au temps du debordement du Tibre, n'y iet-
toit pas plus d'eau qu'à fon ordinaire ; & certes c'eft
vne chofe claire, que fi les eaux qui caufoient le
debordement venoient des parties fuperieures, vn tel
foffé, ou Riuiere auroit augmenté de mefure, de la
maniere que nous auons remarqué au quatriefme

Corollaire : de forte que Fontana auroit accufé vne telle Riuiere, ou foffé, comme s'il eut efté caufe de l'inondation qui neantmoins n'y auroit rien contribué.

Pour vn quatriefme, il faut remarquer, qu'il pouuoit arriuer, que non feulement vne telle Riuiere ne fut pas caufe de l'inondation, encore qu'elle eut augmenté de mefure, mais mefme qu'elle eut feruy à diminuer l'inondation, en croiffant de mefure dans fon canal ; Ce qui eft affez euident, d'autant que, fuppofé que cette Riuiere au temps du debordement, n'eut pas d'elle mefme & de fa propre fource, plus d'eau qu'à l'ordinaire, il eft certain que l'eau du Tibre croiffant & s'enflant dailleurs, cette Riuiere pour fe mettre a niueau auec l'eau du Tibre, auroit retenu fes eaux propres dans fon lit, fans les décharger dans le Tibre, ou plûtoft elle en auroit receu dans fon canal de celles du Tibre ; & de cette maniere au temps de l'inondation, vne moindre quantité d'eau feroit allée a Rome, & neantmoins la mefure de cette Riuiere auroit efté augmentée.

Pour vn cinquiefme Fontana fe trompe lors qu'il conclud que pour deliurer Rome des debordemens du Tibre, il feroit neceffaire de faire deux autres canaux de la Riuiere qui fuffent auffi larges que celuy qui y eft maintenant, & que moins fuffiroit ; ie dis qu'il fe trompe, & pour le conuaincre aifement de fon erreur, il fuffit de dire que toute l'eau du debordment eftant paffée foubs le Pont de Quatro Capi ainfi que luy mefme affeure, il ne faudroit qu'vn canal qui fut auffi large que l'ouuerture du Pont, pourueu
que l'eau

que l'eau y coulat, auec la mesme vistesse, qu'elle
couloit soubs ce Pont, au temps du debordement
du Tibre , & au contraire vingt canaux aussi
larges que celuy du Tybre ne suffiroient pas, si l'eau
couloit dans ces vingt canaux vingt fois plus l'ente-
ment qu'elle ne couloit au temps de l'inondation.

Pour vn sixiesme, il me semble que c'est vne grande foiblesse de dire qu'il passoit cent cinquante-vne
canes d'eau pressée soubs le Pont de Quatro Capi, car
ie ne comprens pas que l'eau soit comme le coton,
ou la laine, qui sont de matieres qui peuuent estre
serrées & pressées, comme il arriue aussi a l'air, lequel
peut estre comprimé en telle sorte, que si vne certaine
quantité d'air est selon sa constitution naturelle dans
vn lieu determiné, & qu'il le remplisse tout, on peut
par force & violence le presser en telle façon , que
l'on le resserrera dans vn lieu beaucoup plus petit, &
que l'on mettra dans le premier lieu quatre & six fois
plus d'air, qu'il n'y auoit auparauant , comme il se
voit par experience en l'Arcquebuse à vent, qui a esté
inuentée de nostre temps par Vincenzo Vincent
d'Vrbin , & cette mesme compression de l'air se voit
aux fontaines portatiues du mesme Vincent, qui iettent en haut l'eau par la force de l'air comprimé ,
lequel cherchant à reprendre sa naturelle constitution,
& à se dilater fait cette violence contre l'eau. Mais
ie ne sçache point que l'eau se puisse presser, en telle
sorte que si auant la compression elle occupe vn certain
espace, estant en sa constitution naturelle : Ie dis
que ie ne pense pas qu'il soit possible en la comprimant

<br>C

de luy faire occuper vn plus petit espace, car si cela se pouuoit faire, il s'ensuiuroit que deux vaisseaux d'esgale mesure, mais de hauteur inesgale seroient d'vne capacité inesgale, & celuy qui seroit plus haut contiendroit plus grande quantité d'eau, & par mesme raison vn Cylindre ou autre vaisseau plus haut que large pourroit vne plus grande quantité d'eau estant debout, que s'il estoit couché, parce qu'estant debout, l'eau qui seroit mise dedans seroit plus pressée

Et pourtant en nostre cas, nous dirons suiuant nos principes, que l'eau de ce debordement passa toute soubs ledit Pont, parce qu'estant la tres-viste, elle auoit par conséquent moins de mesure, il faut remarquer dela, dans quelles erreurs l'on tombe par l'ignorance d'vn veritable & reel fondement, qui apres estant cognu, & bien entendu dissipe toutes les doubtes & resout aisement toutes les difficultez.

## Corollaire douZiesme.

LA mesme erreur de ne prendre pas garde à la diuersité de la vistesse, en la mesme eau courante; est cause que les ingenieurs, & autres qui se meslent des eaux, font souuent de grandes fautes; & fort importantes (& i'en pourrois rapporter des exemples que ie passe soubs silence par de bonnes considerations) lors qu'ils pensent, ou qu'ils proposent, qu'en tirant de nouueaux canaux des grosses Riuieres, ils en diminueront la mesure de l'eau, & qu'ils la diminueront à proportion, selon la mesure de l'eau

qu'ils font paſſer par le noſueau canal, comme par
exemple, s'ils font vn canal qui ſoit large de cinquante pieds, dans lequel on faſſe couler l'eau de la
Riuiere de la hauteur de dix pieds, ils penſent de
diminuer la meſure de l'eau de la Riuiere de cinq cens
pieds, ce qui pourtant ne reüſſit point ſuiuant leur
penſée, & la raiſon en eſt toute preſte, dautant que
ce canal eſtant fait, l'eau qui reſte dans la Riuiere
principale, diminuë de viſteſſe, & par conſequent
elle retient plus de meſure qu'elle n'auoit, auparauant
que le canal eut eſté tiré : & outre cela, ſi l'eau de
ce nouueau canal ne conſerue la meſme viſteſſe, qu'elle
auoit auparauant dans la Riuiere principale, & que
la viſteſſe diminuë, il faudra qu'elle ait plus de meſure qu'elle n'auoit dans la Riuiere principale, & par
conſequent à bien compter, l'on n'aura pas tiré dans
le nouueau canal ſi grande quantité d'eau, qui faſſe
diminuer la Riuiere, à proportion de la meſure de l'eau
qui eſt dans le canal, ainſi que l'on pretendoit.

## *Corollaire treẐieſme.*

CEtte meſme conſideration me donne occaſion
de deſcouurir vne erreur fort commun, & que
i'ay remarqué en l'affaire des eaux de Ferrare, lors que
ie fus en ces quartiers là, au ſeruice de Monſeigneur
de Corſini, qui par la ſublimité de ſon eſprit m'a
grandement aidé en ces contemplations ; il eſt vray
que i'ay eſté long temps en doubte ſi ie deuois mettre
mon ſentiment ſur le papier, ou ſi ie deuois le tenir
ſoubs le ſilence, parce que i'ay aprehendé que l'opinion

commune confirmée par plusieurs personnes, par vne experience qui a de l'apparence, ne pût pas seulement faire estimer fausse la pensée que i'ay sur cette matiere, mais encore decrediter auprés de tout le monde, tout le reste de ce Traicté. I'ay pourtant enfin resolu de ne manquer point a moy-mesme, ny à la verité en vne matiere, qui d'elle-mesme, & par plusieurs autres considerations est tres-importante, & il ne me semble pas raisonnable, qu'aux matieres difficilles comme est celle-cy, nous nous laissions aller au sentiment du vulgaire, parce que ce seroit vne grande merueille, si en telle rencontres la multitude trouuoit la verité, & il ne faudroit pas croire que ce fut vne chose difficile, si le peuple ignorant estoit capable d'en descouurir, & la verité, & la bonté : mais encore i'espere de declarer cette matiere de telle sorte, que les personnes d'vn iugement solide seront entierement persuadés, pourueu qu'ils ayent bien dans leur esprit le principal fondement de tout ce Traicté : & bien que ce que ie veux proposer, soit vne chose particuliere, comme i'ay desia dit, & qui ne regarde que l'interest de Ferrare ; toutesfois si cette doctrine particuliere est bien entenduë, l'on pourra faire vn iugement general & vniuersel en tous les cas semblables.

Ie dis doncques pour vne plus claire intelligence de tout cecy, qu'enuiron treze milles au deslus de Ferrare, proche de Stellata le grand Po se diuise en deux branches, d'ont l'vne va du costé de Ferrare, & qui pour cela est appellée le Po de Ferrare, & la encore de nouueau il se diuise en deux autres branches,

celle qui va a la main droite s'appelle le Po d'Argenta
& de Primaro, & celle qui va a gauche le Po de
Volana, mais parce que le lit du Po de Ferrare est
fort releué,il arriue qu'il est tout a fait vuide des eaux
du grand Po, si ce n'est lors qu'il est le plus enflé,car
alors le Po de Ferrare estant bouché auec vne chaussée
proche de Bodeno, qui empesche que l'eau du grand
Po ne peut pas y entrer lors mesme qu'il est gros, les
Seigneurs de Ferrare ont accoustumé, lors que le Po
menace de creuer, de faire rompre cette chaussée, &
par cette ouuerture l'eau se iette auec tant de furie,&
d'impetuosité,que l'on a remarqué,que le grand Po en
l'espace de peu d'heures diminuë d'enuiron vn pied
de hauteur. Par cette experience, tous ceux auec lesquels i'ay parlé de cette matiere, ont tesmoigné qu'ils
sont persuadés, qu'il est tres-vtile d'entretenir ce
canal, pour seruir de décharge, lors que le Po deuient
gros & enflé. Et certes à considerer la chose simplement, & à ce qui paroit d'abord, il semble qu'on ne
puisse pas doubter du contraire, principalement que
plusieurs examinans cecy plus subtilement, mesurent
ce corps d'eau, qui coule par le Canal du Po de
Ferrare, & ils font ainsi leur compte, que le corps
de l'eau du grand Po est diminué de toute la grosseur
du corps de l'eau, qui coule par le Po de Ferrare.
Mais si nous retenons bien dans nostre esprit, tout
ce qui a esté dit au commencement de ce Traicté, &
combien est considerable la diuersité de la vistesse de
la mesme eau, & qu'il est necessaire d'en auoir vne
exacte cognoissance,pour conclurre qu'elle est la veritable quantité de l'eau courante, nous trouuerons

manifeſtement, que l'aduanrage de cette deſcharge
eſt beaucoup moindre, que l'on ne penſe en general,
& de plus nous trouuerons, ſi ie ne me trompe, qu'il
en arriue tant d'incommoditez, que i'enclinerois
fort à croire, qu'il ſeroit plus aduantageux de bou-
cher entierement ce canal que de l'entretenir. Toutesfois ie ne ſuis pas ſi paſſionné pour mon ſentiment, que ie ne ſois preſt à changer d'aduis, lors
que quelqu'vn me fera voir de meilleures, & de plus
fortes raiſons, principalement s'il a plûtoſt bien
comprins le principe de ce Traicté, ce que ie repete
pluſieurs fois, parce qu'il eſt abſolument impoſſible,
ſans auoir bien entendu ce principe, de traicter auec
certitude de cette matiere, & ne pas tomber dans
de grandes erreurs.

Ie conſidere doncques, qu'encore qu'il ſoit veritable, que ſi, pendant que l'eau du grand Po eſt la
plus haute, l'on romp la chauſſée du Po de Ferrare,
alors l'eau qui eſt plus haute, ayant vne grande
cheute dans le canal de Ferrare, y entre auec tres-
grande impetuoſité, & viteſſe; & qu'ainſi au commencement elle court auec la meſme viteſſe, ou vn
peu moindre, vers le Po de Volana & d'Argenta
dans la mer; toutesfois quelques heures aprés, le
canal du Po de Ferrare eſtant remply, & l'eau du
grand Po n'ayant plus tant de pente qu'elle auoit au
commencement de l'ouuerture, elle ne ſe deſcharge
plus auec tant de viteſſe qu'auparauant, mais auec
beaucoup moins, & par conſequent il commence a
ſortir vne beaucoup moindre quantité d'eau du grand
Po. Et ſi nous comparons exactement la viteſſe de

l'eau, au commencement de l'ouuerture de la chauſſée; auec la viſteſſe que l'eau à quelque temps apres, & lors que le Po de Ferrare eſt remply, nous trouuerons peut eſtre, que celle la eſt quinze ou vingt fois plus grande, que celle-cy. Et par conſequent l'eau qui ſortira du grand Po, apres que cette premiere impetuoſité ſera paſſée, ſera ſeulement la quinzieſme, ou la vingtieſme partie de celle qui ſortoit au commencement; & par meſme moyen, l'eau du grand Po retournera dans peu de temps, preſque à ſa premiere hauteur. Et icy ie veux prier ceux qui ne ſeroient pas entierement ſatisfaits de ce que ie viens de dire, que pour l'amour de la verité, & pour le bien public, ils daignent prendre la peine d'obſeruer exactement, lors qu'au temps de quelque grand debord d'eaux, l'on romp la chauſſée au Bodeno, & que dans quelques heures aprés, l'eau du grand Po, ſe diminuë d'enuiron vn pied, ainſi que nous auons dit cy-deuant, qu'ils obſeruent, dis-ie, ſi aprés vn iour ou deux l'eau du grand Po ne retourne preſque a ſa premiere hauteur; car ſi cela eſtoit, il ſeroit aſſez euident, que l'vtilité qui vient de cette deſcharge, n'eſt pas ſi grande que l'on penſe vniuerſellement. Ie dis qu'elle n'eſt pas ſi grande que l'on pretend, parce que, encore bien qu'il ſoit vray, que l'eau du grand Po diminuë de hauteur, au commencement de la deſcharge, neantmoins ce bien n'eſt que pour vn temps, & meſme pour peu d'heutes. Si les debordemens du Po, & le danger qu'il y a de rompre la chauſſée eſtoient de peu de durée, comme il arriue ordinairement aux debordemens des torrens, en tel

cas, l'vtilité de cette defcharge feroit de quelque confideration, mais parce que les debordemens du Po
durent trente, & quelquesfois quarante iours, à caufe
de cela, l'aduantage de cette décharge eft fort peu
confiderable.

Il refte maintenant, que nous confiderions les
dommages notables qui arriuent de cette mefme décharge, afin que faifant reflexion fur cela, & balançant
les commoditez & les incommoditez, l'on puiffe
iuger droitement, & choifir le meilleur party. La
premiere incommodité doncques qui vient de cette
décharge, eft, que les canaux de Ferrare, Primaro,
& Volana fe rempliffans d'eau, toutes les Riuieres
qui font depuis Bodeno iufques a la mer, font en
danger de creuer, & il y faut mettre de gens pour y
prendre garde. Secondement, les eaux du Po de
Primaro ayans l'entrée libre dans les hautes valées,
elles les rempliffent auec grand dommage de toute
la campagne d'alentour, & empefchent les efcouloirs
d'eau, qui font ordinairement dans ces valées, en telle
forte que toute la diligence, la dépenfe, & le foin
que l'on prend pour bonifier les valées fuperieures,
& pour les tenir vuides d'eau, font perduës, vaines, &
inutiles. Pour vn troifiefme, ie confidere que ces
eaux ayant pris leurs cours embas, vers la mer, par
le Po de Ferrare, au temps que le grand Po eft le
plus haut, & le plus enflé, il eft manifefte par experience, que lors que le grand Po diminuë, alors ces
eaux, qui vont par le Po de Ferrare, commencent a
fe retarder en leur cours, & enfin elles tournent leur
courant en haut vers Stellata, demeurans premierement
dans

dans l'entre-deux du temps, coyes, & dormantes ; & partant, laiſſant tomber toute l'ordure qui les rendoit troubles, elles comblent le lit de la Riuiere, & le canal de Ferrare. Pour vn quatrieſme & dernier, de cette meſme décharge, il arriue vn autre dommage conſiderable, qui eſt ſemblable a celuy qui arriue, apres qu'vne Riuiere a creué, & rompu les bords ; car au deſſous de l'endroit qui a eſté creué, il ſe forme dans le canal de la Riuiere, vn certain dos, c'eſt à dire, que le fond de la Riuiere ſe hauſſe, comme il eſt aſſez cognu par l'experience ; auſſi en meſme façon la chauſſée, eſtant rompuë a Bodeno, il arriue la meſme choſe que ſi la Riuiere auoit creué, d'ou s'enſuit apres le rehauſſement aux parties inferieures du grand Po, aprés que l'on a paſſé l'emboucheure de Panaro. De la ie deſire que toutes les perſonnes qui entendent ces matieres, iugent quel dommage cela apporte. Et partant l'vtilité eſtant ſi petite, & les dommages ſi grands, & ſi conſiderables, qui arriuent de ce que l'on entretient ce canal, & cette décharge, ie croirois qu'il vaudroit mieux que l'on tint cette chauſſée en bon eſtat, & bien bouchée a Bodeno, ou en autre endroit propre, & ne permettre point que les eaux du grand Po allaſſent iamais du coſté de Ferrare.

## Corollaire quatorzieſme.

L'ON obſerue aux grandes Riuieres, qui entrent dans la mer, comme ſont en Italie le Po, l'Adige, & l'Arne, qui, à cauſe de leurs debordemens, ſont

defenduës par de leuées, qu'aux endroicts, qui font
efloignez de la mer, elles ont befoin de leuées, qui
foient d'vne hauteur confiderable, laquelle va toufiours diminuant, à proportion que les canaux de cés
Riuieres, font plus proches de la mer, de forte que le
Po eftant efloigné cinquante ou foixante milles de la
mer, ainfi qu'il eft aux enuirons de Ferrare, il a des
chauffées qui ont vingt pieds de hauteur fur l'eau ordinaire, mais n'eftant feulement efloigné que de dix où
douze mille de la mer, les leuées n'ont pas douze pieds,
pardeffus l'eau ordinaire, bien que la largeur de la Ri-
iere foit efgale, d'ou il paroit que le mefme debordement a beaucoup plus de mefure, loin de la mer,
qu'il n'en a, lors qu'il eft plus prés, & toutesfois il
femble, que la mefme quantité d'eau paffant par tous
les endroéts du canal, il faudroit auffi, que la Riuiere
eut par tout befoin de la mefme hauteur des leuées:
Mais nous pouuons par nos principes rendre raifon de
cét effet, & dire que l'excez, ou l'accroiffement de la
quantité d'eau, par deffus l'eau ordinaire, va toufiours
en prenant de nouueaux degrez de viteffe, tant plus
l'eau s'approche de la mer, & par ce moyen elle diminuë de mefure, & par confequent de hauteur: Et
ça efté peut eftre la principale raifon, pour laquelle
pendant l'inondation de l'année 1598. le Tibre ne fortit
pas de fon lit au deffous de Rome iufques à la mer.

## Corollaire quinZiefme.

PAr la mefme doctrine l'on peut rendre clairement
la raifon, pourquoy les eaux tombant en bas

deuiennent plus subtiles,& plus déliées en leur cheute,
de sorte que la mesme eau mesurée au commencement
de sa cheute,est plus grosse,& a plus de mesure,& aprés
en descendant elle diminuë de mesure, à proportion
qu'elle s'eslogne du commencement de sa cheute. Ce
qui ne depend d'autre chose,que de ce qu'en tombant elle acquiert plus de vistesse , veu que c'est vne
conclusion tres-cognuë parmy les Philosophes,que
les corps pesans tombans en bas, tant plus ils s'esloi-
gnent du commencement de leur mouuement, tant
plus ils acquierent de vistesse , & par consequent vn
fil d'eau, comme vn corps pesant, augmente de
vistesse en tombant, & à mesme temps diminuë de
mesure & de grosseur.

## Corollaire seiziesme.

ET par vne raison contraire les iets d'eau qui montent en haut , font vn effet tout contraire, c'est à
dire,qu'au commancement ils font plus déliés , & à
mesure qu'ils montent, ils deuiennent plus gros , & la
raison en est manifeste,d'autant qu'au commencement
leur mouuement est assez viste , mais aprés il se ralen-
tit peu à peu, & par cette raison ces iets d'eau font
déliés à l'issuë du tuyau,& puis en montant, ils se font
plus gros,ainsi que l'on voit,

## Dependance premiere.

POur n'auoir pas consideré, combien la diuerse
vistesse, que la mesme eau coulante a en diuerses

parties de son canal, est puissante pour changer la mesure de la mesme eau, & pour la faire tantost plus grande, tantost plus petite, ie pense si ie ne me trompe, que Iulius Frontinus célèbre & ancien escriuain peut estre tombé dans cette erreur, dans le second Liure qu'il a fait des Acqueducts de la Ville de Rome, en ce que, ayant trouué la mesure de l'eau [a] *In commentariis* moindre qu'elle n'estoit [b] *In errogatione*, de 1263. [c] *Quinaires*, Il creut que cette si grande diuersité, procedoit de la negligence de ceux qui auoient mesuré l'eau, mais lors qu'aprés il mesura luy mesme auec soin la mesme eau au commencement des Acqueducts, la trouuant plus grande de dix mille quinaires ou enuiron, qu'elle n'estoit *in commentariis*, il pensa que l'excez, & ce qu'il y auoit de plus, auoit esté vsurpé par les Officiers, & par ceux qui auoient droit, de prendre partie de ces eaux ; ce qui pouuoit estre en partie, parce qu'il n'est que trop vray, que le public est presque tousiours mal seruy : mais outre cela, ie pense encor, à prendre la chose absolument, que outre la fraude des Officiers, la vistesse de l'eau, au lieu ou Frontin la mesura, pouuoit estre differente de la vistesse qui se trouuoit aux autres lieux, ou elle auoit esté mesurée auparauant par les autres, & par consequent la mesure de l'eau pouuoit, ou plutost deuoit estre necessairement differente, veu que nous auons demonstré que les mesures de la mesme eau

a, c'est à dire dans les Registres publics.
b, c'est à dire au lieu ou elle estoit distribuée.
c, La quinaire est vn tuyau dont le diametre, est d'vn doigt, & d'vn quart de doigt, ainsi appellée à cause qu'elle a cinq quarts de doigt de diametre.

courante, ont entre-elles la proportion reciproque
de leurs viteſſes, ce que Frontin ne conſiderant pas
bien, & trouuant l'eau *in commentariis* de 12755.
quinaires, *in erogatione* de 14018. & par la meſure
qu'il auoit fait luy méme *ad capita ductuum* de [a] 22755.
quinaires ou enuiron, il creut qu'en ces lieux icy il
paſſat vne differente quantité d'eau, c'eſt à dire plus
grande *ad capita ductuum*, qu'elle n'eſtoit *in errogatione*,
& il creut que celle-cy eſtoit plus grande, que celle
qui eſtoit *in commentariis*.

## Dependance ſeconde.

VN erreur ſemblable fut faite il n'y a pas long-
temps en l'Acqueduct de l'eau de Paul, laquelle
deuoit auoir 2000. pouces, & veritablement les Seigneurs de Bracciano en deuoient donner, & en
auoient donné autant a la Chambre Apoſtolique,&
on la meſura au commencement de l'Acqueduct, mais
apres cette meſure ſe trouua beaucoup moindre,
eſtant faite & conſiderée dans Rome, & dela s'en-
ſuiuirent de grands meſcontentemens, & deſordres,
& tout cela parce que l'on n'entendit pas bien cette
proprieté de l'eau courante, qui conſiſte en ce qu'elle
croit de meſure lors qu'elle diminuë en viteſſe, &
qu'elle diminuë de meſure lors que augmente en
viteſſe.

[a], c'eſt à dire, au commencement des Acqueducts.

# *Dependance troisiesme.*

IL me semble que la mesme erreur a esté commise par tous ces experts, lesquels pour empescher, que l'on ne detournat le Reno de Bologne dans le Po des valées, ou il court maintenant ; iugerent que le Reno estant, lors qu'il est le plus gros, d'enuiron deux mille pieds, & le Po estant large d'enuiron mille pieds, ils iugerent dis-ie que mettant le Reno dans le Po, il feroit monter l'eau du Po de deux pieds, de laquelle eleuation d'eaux ils concluoient en suite de grands desordres, & des inondations extraordinaires, ou bien vne tres-grande depense, & insuportable au peuple, laquelle il faudroit faire pour releuer les chauffées du Po, & du Reno, & par de semblables raisonnemens foibles on trouble bien souuent inutilement les esprits des interessez, mais maintenant, parce que nous auons demonstré, il est manifeste que la mesure du Reno, dans le Reno, sera differente de la mesure du Reno, dans le Po ; toutes les fois que la vistesse du Reno, dans le Po, sera differente de la vistesse du Reno, dans le Reno, comme il est determiné plus exactement dans la quatriesme proposition.

# *Dependance quatriesme.*

CEs Ingenieurs, & ces experts se sont aussi trompés, qui ont asseuré, que mettant le Reno dans le Po, il ne causeroit aucun accroissement de l'eau du Po : parce qu'il est vray, que mettant le Reno dans le

Po, l'eau monteroit touſiours, mais tantoſt plus, tantoſt moins, ſelon qu'il trouuera le Po plus, ou moins
rapide en ſa courſe ; de ſorte que lors que le Po ira
fort viſte, l'eau s'eſleuera peu, & lors que le meſme
Po ſera fort lent, alors l'accroiſſement de l'eau ſera
remarquable.

## Dependance cinquieſme.

ET icy il ne ſera pas hors de propos de donner
aduis, que les meſures, partages & diſtributions
des eaux de fontaine, ne ſe pourront iamais faire
iuſtement, ſi outre la meſure, on ne conſidere encore
la viſteſſe de l'eau, lequel poinct n'ayant pas eſté
pleinement & parfaitement entendu, eſt cauſe tous
les iours de pluſieurs chagrins, & deplaiſirs en de
ſemblables affaires.

## Dependance ſixieſme.

IL faut faire la meſme conſideration, auec d'autant
plus de ſoin & de diligence, aux choſes ou l'erreur
aporte vn plus grand preiudice, ie veux dire, que ceux-
la y doiuent prendre garde qui partagent & diuiſent
les eaux, qui ſeruent pour arroſer les campagnes,
ainſi qu'il ſe pratique aux terroirs de Breſſe, de Ber-
game, de Creme, de Parme, de Lodige, de Cremone,
& autres lieux, parce que ſi l'on n'a pas eſgard au point
tres-important de la diuerſité de la viſteſſe de l'eau,
mais ſeulement à la ſimple meſure ordinaire, il en arriuera touſiours du deſordre, & vn tres-grand preiudice
aux intereſſez.

# *Dependance septiesme.*

IL semble que l'on peut remarquer, que tandis que l'eau court par vn canal, ou par vn tuyau, elle est retardée, & retenüe par l'attouchement des bords, ou des costez du canal, lesquels estans immobiles, n'aydent point au mouuement de l'eau, & interrompent sa vistesse : de cecy supposé veritable, comme ie pense qu'il est tres-certain, nous pouuons descouurir vne erreur tres-subtile, en laquelle tombent ordinairement, ceux qui diuisent les eaux de fontaine, laquelle diuision a accoustume d'estre faite, au moins comme ie l'ay veu pratiquer icy a Rome, en deux façons, la premiere auec de mesures de semblable figure, comme seroient de cercles, ou de quarrez, ayant fait diuers trous dans vne lame de metail, representans de cercles, ou de quarrés, l'vn de demy pouce, l'autre d'vn pouce, de deux, de trois, de quatre, &c. auec lesquels ils adioustent aprés les tuyaux, pour dispenser l'eau. L'autre maniere de diuiser l'eau de fontaine, est auec de Parallelogrames rectangles de la mesme hauteur, mais de diuerses bases, en telle sorte semblablement, que vn parallelograme soit de demy pouce, l'autre d'vn pouce, de deux, de trois, &c. suiuant lesquelles façons de mesurer, & de diuiser l'eau, il a semblé, que les tuyaux estans mis sur vn mesme plan, esgalement eslogné du niueau, ou surface superieure de l'eau du reseruoir, & les mesmes estant exactement faites, il faut aussi par consequent que l'eau soit diuisée selon la mesme proportion, qu'ont les

mesures

meſures entre elles. Mais ſi nous conſiderons bien toutes choſes, nous trouuerons, que les plus grands tuyaux iettent touſiours plus d'eau, qu'ils ne deuroient, en comparaiſon du plus petit, c'eſt à dire pour parler plus proprement, que l'eau qui paſſe par vn plus grand tuyau, a plus grande proportion, à celle qui paſſe par vn plus petit, que n'a le grand tuyau, au petit. I'explique cela par vn exemple ; prenez pour vne plus facile intelligence deux quarrez ( le meſme peut eſtre entendu de deux cercles, & de toutes autres figures ſemblables entre elles ) que le premier quarré ſoit quadruple de l'autre, & que ces deux quarrez ſoient les bouches des deux tuyaux, l'vne eſtant de quatre pouces, l'autre d'vn ſeulement. Il eſt manifeſte par ce que nous venons de dire, que l'eau, qui paſſe par le plus petit tuyau , eſt retardée en ſa viſteſſe par la circonferance du tuyau, & ce retardement doit eſtre meſuré, par la circonference meſme, il faut maintenant conſiderer, que ſi nous voulions que l'eau, qui paſſe par le plus grand tuyau, fut ſeulement quadruple à celle, qui paſſe par le plus petit, en temps eſgaux, il ſeroit neceſſaire que non ſeulement le trou, & la meſure du plus grand tuyau, fut quadruple a la meſure du plus petit, mais encore que le retardement fut le quadruple au plus grand, de ce qu'il eſt au plus petit. Or en ces cas icy, il eſt bien vray que la bouche & l'ouuerture du tuyau eſt quadruple, mais le retardement ne l'eſt pas,

n'eſtant ſeulement que double., d'autant que la circonference du grand quarré eſt ſeulement double de
la circonference du petit quarré, veu que la plus
grande circonference contient huict parties, de celles
dont la plus petite circonference en contient quatre,
comme il eſt euident par les figures icy deſcrites, &
par conſequent, il paſſera par le grand plus du
quadruple de l'eau, qui paſſe par le petit.

On commet la meſme erreur, en l'autre façon de
meſurer l'eau de fontaine, comme l'on peut comprendre aiſement, de ce que nous auons dit & obſerué cy-deſſus.

## Dependance huictieſme.

CEtte meſme contemplation deſcouure l'erreur de
ces Architectes, leſquels, lors qu'ils veulent
baſtir vn Pont de pluſieurs arches ſur vne Riuiere,
conſiderent ſeulement la largeur ordinaire de la Riuiere, qui eſtant par exemple, de quarante canes, & le
Pont deuant eſtre de quatre arches, il leur ſuffit que la
largeur des quatre arches priſe toute enſemble, ſoit
de quarante canes, ne conſiderant pas que dans le
canal ordinaire de la Riuiere, l'eau n'a ſeulement que
deux empeſchemens, qui retardent ſa viſteſſe, à ſçauoir
les deux coſtez de la Riuiere, que l'eau touche & frotte
en paſſant, mais la meſme eau, en paſſant ſous le Pont,
dont nous auons parlé, trouue huict ſemblables empeſchemens, en touchant les deux coſtez de chaque
arche, Ie ne parle point de l'empeſchement du fond,
parce qu'il eſt de meſme dans la Riuiere que ſous le

Pont. Et pour n'auoir pas pris garde à cecy, il arriue de grands inconueniens, ainſi que la pratique ordinaire le fait voir.

## Dependance neufieſme.

IL faut encore conſiderer la grande, & merueilleuſe
vtilité, que reçoiuent les campagnes, qui ne ſe vuident que difficilement des eaux de pluye, à cauſe de
la hauteur des eaux qui ſont dans les principaux
foſſez, car en ce cas là les bons meſnagers ont accouſtumé de couper les herbes, & les roſeaux, qui
ſont dans les foſſez, par ou l'eau paſſe, ou l'on remarque que des auſſitoſt que l'on a coupé les herbes, &
les roſeaux, le niueau de l'eau s'abaiſſe ſenſiblement
dans les foſſez, en telle ſorte que l'on a remarqué
quelquesfois, qu'apres cela l'eau s'eſt diminuée d'vn
tiers, & dauantage, de ce qu'elle eſtoit auparauant.
Il ſemble d'abord que cét effet depend, de ce que ces
plantes occupent de la place dans le foſſé, & que c'eſt
pour cela, que l'eau eſt plus haute en ſon niueau,
mais qu'apres que ces plantes ſont oſtées, l'eau s'a-
baiſſe, & qu'elle occupe la place, qu'elles occupoient
auparauant; laquelle penſée, bien qu'elle ſoit proba-
ble, & que d'abord elle ſemble ſatisfaire, elle ne ſuffit
pourtant pas, pour rendre tout à fait la raiſon de ce
notable abbaiſſement, dont nous auons parlé : Mais il
faut recourir à noſtre conſideration de la viſteſſe du
cours de l'eau, qui eſt la cauſe principale, & veritable
de la diuerſité de la meſure de l'eau courante, d'autant que cette multitude de plantes, d'herbes, ou de

E 2

roſeaux qui ſont dans le courant de l'eau , retarde ſenſiblement le cours de l'eau , & par conſequent la meſure de l'eau croiſt , & ces empeſchemens eſtans oſtez,
la meſme eau acquiert de la viſteſſe , & ainſi elle diminuë de meſure , & par conſequent de hauteur.

Et peut eſtre que ce point bien conſideré pourroit
grandement ayder , à deſſecher les campagnes, qui
ſont autour des marets de Pontine , & ie ne doute
point , que ſi l'on auoit ſoin de bien nettoyer la Riuiere de Ninfa, & les autres foſſez de ce terroir, des
herbes qui y naiſſent, ces eaux deuiendroient beaucoup plus baſſes , & par conſequent les eſcouloirs des
champs s'y deſchargeroient plus promptement, car
il faut touſiours tenir cela pour vne choſe indubitable,
que la meſure de l'eau, auant que le foſſé ſoit nettoyé,
a la meſure de l'eau apres qu'il eſt nettoyé, à la meſme
proportion, que la viſteſſe apres la nettoyement, l'a a la
viſteſſe auant le nettoyement, & parce que ces plantes eſtant oſtées, le cours de l'eau croiſt ſenſiblement,
il faut auſſi neceſſairement, que la meſme eau diminuë
de meſure , & par conſequent qu'elle deuienne plus
baſſe.

## Dependance dixieſme.

PViſque nous auons remarqué quelques erreurs,
qui ſe commettent en la diſtribution de l'eau de
Fontaine, & de celle qui ſert pour arroſer la campagne,
il ſemble qu'il ſoit neceſſaire, pour finir ce diſcours, de
remarquer, en qu'elle façon ces diuiſions ſe peuuent
faire iuſtement, & ſans erreur. Ie croy doncques , que

l'on peut diuiser exactement l'eau de Fontaine en deux
façons. La premiere, en examinant premierement
auec soin, qu'elle quantité d'eau iette toute la fontaine
en vn certain temps & determiné, comme par exemple, tant de barrils, ou tant de tonneaux ; & apres,
quand il faut distribuer l'eau, la distribuer à raison de
tant de barrils, ou de tant de tonneaux, en ce mesme
temps : & de cette façon, ceux qui ont part à l'eau au-
roient ponctuellement, ce qui leur appartiendroit, &
ainsi il n'arriueroit iamais, que l'on dispensat vne plus
grande quantité d'eau, que ce qu'il faudroit, eu es-
gard à la fontaine principale, comme il arriua à Iulius
Frontinus & ainsi qu'il arriue fort souuent aux Aque-
ducts modernes, auec vn grand preiudice du public,
& des particuliers.

L'autre façon de partager la mesme eau de fontaine, qui est fort iuste, & fort aisée, ce seroit d'auoir
vne seule mesure de tuyau, qui fut, par exemple, d'vn
pouce, ou d'vn demy pouce, & lors qu'il faut donner
deux, ou trois pouces d'eau, il faut mettre autant
de tuyaux de la mesme mesure, qui iettent l'eau qu'il
faut dispenser, & neantmoins s'il y faut mettre vn
seul tuyau plus grand, & que nous deuions le mettre
qui iette, par exemple, quatre pouces d'eau, il faudra puis que nous n'auons que cette premiere mesure d'vn pouce, faire vn tuyau, qui soit plus grand,
que le tuyau d'vn pouce ; mais non pas simplement
en proportion quadruple, parce qu'il ietter-
roit plus d'eau, qu'il ne faudroit, comme nous
auons dit cy-deuant, mais il faut examiner exactement qu'elle quantité d'eau iette le petit tuyau, dans

vne heure, & apres eslargir ou resserrer le grand tuyau, iusques à ce qu'il iette quatre fois plus d'eau que le petit, dans le mesme temps, & par ce moyen on euitera l'inconuenient qui a esté remarqué à la septiesme dependance. Il seroit pourtant necessaire, d'accommoder les tuyaux du reseruoir, en telle sorte, que le niueau de l'eau y demeurat tousiours, a vne certaine marque & hauteur au dessus du tuyau ; Autrement les tuyaux ietteront, tantost plus, tantost moins d'eau, & parce qu'il se peut faire, que la mesme fontaine a vne fois plus d'eau, & vne autrefois moins, il seroit bon, d'aiuster le reseruoir de telle façon, que ce qu'il y a d'eau, plus que l'ordinaire ; versat dans les fontaines publiques, afin que les particuliers eussent tousiours la mesme quantité d'eau.

## Dependance onZiesme.

LA diuision des eaux, qui seruent pour arroser les campagnes, est beaucoup plus difficile, parce que l'on ne peut pas si aisement remarquer, qu'elle quantité d'eau coule dans vn fossé, en vn temps determiné, ainsi ce que l'on peut l'obseruer aux fontaines, toutesfois si l'on entend bien la seconde proposition, dont nous baillerons la demonstration cy dessoubs ; on en pourra tirer vne façon assez asseurée, & assez iuste pour distribuer les eaux de cette nature. La proposition doncques que nous auons demonstrée est telle, s'il y a deux sections, c'est à dire, deux embouchcures de Riuiere, la quantité de l'eau qui passe par la premiere, a celle qui passe par la seconde, a la

proportion compofée des proportions de la premiere section, à la feconde, & de la viteffe par la
premiere à la viteffe par la feconde. Ce que ie de-
clare par vn exemple en faueur de ceux qui ne fça-
uent que la pratique, afin qu'il puiffe eftre entendu
de tous, en vne matiere fi importante. Qu'il y ait

A. 32.

B. 8.    32. 8. 4.

deux emboucheures de Riuiere a & b & que l'emboucheure a ait trente-deux paumes de mefure, &
l'emboucheure b huict paumes, il faut icy remarquer qu'il n'eft pas toufiours veritable, que l'eau qui
paffe par a, aye a l'eau qui paffe par b la proportion, qu'à l'emboucheure a a l'emboucheure b. fi ce
n'eft en cas la viteffe de l'eau des deux emboucheures fut egale ; mais fi la viteffe eft inefgale, il fe peut
faire, qu'il paffera par ces emboucheures, vne egale
quantité d'eau en temps efgaux, bien que les mefures
de ces emboucheures foient inefgales, & il peut eftre
encore, que la plus grande iettera plus grande quantité d'eau, & enfin il fe peut faire, que la plus petite
emboucheure iettera plus d'eau, que la grande ; &
tout cela eft manifefte, parce que nous auons remarqué au commencement de ce difcours, & par la feconde propofition. Maintenant pour examiner la

proportion qu'a l'eau, qui paſſe par vn foſſé, auec l'eau qui paſſe par vn autre, afin que cecy eſtant co-gnu, nous puiſſions apres aiuſter les meſmes eaux ou emboucheures des foſſez, il faut que nous prenions garde, non ſeulement à la grandeur des embouheures de l'eau, mais encore à la viſteſſe, & nous ferons cela, en trouuant deux nombres, qui ayent entre-eux la proportion, qu'ont les emboucheures, tels que ſont les nombres 32. & 8. en ce cas icy ; apres il faut exa-miner la viſteſſe de l'eau, par les emboucheures *a* & *b* ( ce qui ſe pourra faire en remarquant l'eſpace par lequel vne boule de bois, ou d'autre matiere, qui nage ſur l'eau, ſera portée par le courant, en vn temps certain, comme par exemple, en cinquante batemens de l'artere ) & que l'on faſſe apres, par la regle de trois, comme la viſteſſe par *a* à la viſteſſe par *b* ainſi le nombre 8. a vn autre nombre, qui ſoit 4. Il eſt manifeſte par la ſeconde propoſition, que la quantité d'eau, qui paſſe par l'emboucheure *a*, à celle qui paſſe par l'emboucheure *b*, aura la propor-tion que à 8. à 1 : telle proportion eſtant compoſée des proportions de 32. à 8. & de 8. à 4. c'eſt a dire, de la grandeur de l'emboucheure *a* à la grandeur de l'emboucheure *b*, & de la viſteſſe par *a* à la viſteſſe par *b*. Aprés auoir fait cette conſideration, il faut reſſerrer l'emboucheure qui iette plus d'eau qu'il ne faut, ou eſlargir l'autre qui en iette moins, ainſi qu'il ſera plus commode dans la pratique, laquel-le ſera fort aiſée a celuy, qui aura entendu ce peu de choſes que nous auons remarquées.

On peut encore tirer pluſieurs autres cognoiſſances
de la meſme

de la mefme doctrine, lefquelles ie paffe foubs filen-
ce, parce qu'vn chacun les peut facilement entendre
de luy mefme, pourueu qu'il aye premierement bien
eftably cette maxime, qu'il eft impoffible de pronon-
cer rien de certain touchant la quantité de l'eau
courante, en confiderant feulement la fimple mefure
ordinaire de l'eau, fans la viteffe, comme auffi au
contraire celuy qui ne confidereroit feulement, que la
viteffe fans la mefure tomberoit dans de tres-grandes
erreurs. D'autant que en traitant de la mefure de
l'eau courante, puis qu'elle eft vn corps, il eft neceffaire, pour former vne conception de fa quantité, de
confiderer en elle, toutes les trois dimenfions, la
largeur, la profondeur, & la longueur, les deux premieres dimenfions font obferuées par tous, en la façon
ordinaire de mefurer l'eau courante, mais pour la
troifiefme dimenfion qui eft la longueur on la laiffée
là. Et peut-eftre que cela a efté fait ainfi, parce
que l'on a creu, que la longueur de l'eau courante,
eftoit en quelque façon infinie, d'autant qu'elle ne
met iamais fin a fon cours, & entant qu'infinie, on
a creu qu'elle eftoit incomprehenfible, & par confequent qu'on ne pouuoit pas en auoir vne cognoiffan-
ce certaine, & determinée, & c'eft la raifon pour
laquelle l'on ne la pas examinée. Mais fi nous fai-
fons reflection, auec plus d'attention, fur noftre
confideration de la viteffe de l'eau, nous trouuerons
qu'en la confiderant & l'examinant, nous confiderons
auffi, & examinons la longueur : d'autant que lors
que l'on dit, que l'eau d'vne fontaine coule auec vne
telle viteffe, qu'elle fait mille, ou deux mille cannes

par heure, ce n'eſt au fonds dire autre choſe, ſinon
qu'vne telle fontaine iette en vne heure, vne quantité d'eau, qui a mille, ou deux mille cannes de longueur ; de ſorte que bien que la longueur totale de
l'eau courante ſoit incomprehenſible, comme eſtant
infinie, elle peut neantmoins eſtre compriſe par ſes
parties, en ſa viſteſſe, les aduis que ie viens de donner ſur cette matiere ſuffiront maintenant, dans le
deſſein que i'ay de decouurir, en quelque autre occaſion, pluſieurs autres particularitez plus cachées, &
plus curieuſes ſur ce ſubiet.

# DEMONSTRATION
# GEOMETRIQVE DE LA
## MESVRE DES EAVX
## COVRANTES.

### *Suppoſitions.*

### I.

IE ſuppoſe que les coſtez des Riuieres, deſquelles
on parle, ſoient a angles droits, auec le plan de la
ſurface ſuperieure de la Riuiere.

### II.

Ie ſuppoſe que le plan du fond de la Riuiere, dont
on parle, ſoit à angles droits auec les coſtez de la
Riuiere.

## III.

Ie fuppofe que nous parlons des Riuieres lors
quelles font baffes, dans leur plus grande baffeffe,
ou lors quelles font hautes, dans leur plus grande
hauteur, & non lors quelle paffent de leur baffeffe, a
la hauteur, ou de la hauteur, a la baffeffe.

## *Declaration des termes.*

### I.

Si vne Riuiere eft coupée par vn plan, qui foit
a angles droits auec la furface de l'eau, & auec les
coftez de la Riuiere, ce plan coupant de la forte, fera
apellé la fection de la Riuiere, & cette fection par
les fuppofitions cy-deuant faites, fera vn parallelograme rectangle.

### II.

On apellera fections efgalement viftes, celles par lefquelles l'eau court auec vne egale vifteffe, & on apellera
vne fection plus, ou moins vifte qu'vne autre, celle par
laquelle l'eau court, auec plus ou moins de vifteffe.

## *Axiomes.*

### I.

Les fections efgales, & efgalement viftes iettent vne
efgale quantité d'eau, en temps efgaux.

### II.

Les fections également viftes, & qui iettent vne
egale quantité d'eau en temps egaux, feront efgales.

### III.

Les fections egales, & qui iettent egale quantité
d'eau, en temps efgaux, font efgalement viftes.

### IV.

Lors que les sections sont inesgales, mais egalement vistes, la quantité d'eau, qui passe par la premiere section, a la mesme proportion, à la quantité d'eau, qui passe par la seconde, que la premiere section a à la seconde, Ce qui est manifeste, parce que la vistesse estant la mesme, la difference de l'eau qui passe serà selon la difference des sections.

### V.

Si les sections sont egales, & d'inesgale vistesse, la quantité d'eau qui passe par la premiere, aura la mesme proportion, a celle qui passe par la seconde, que la vistesse de la premiere section, a à la vistesse de la seconde section : ce qui est euident, parce que les sections estant egales, la difference de l'eau qui passe, depend de la vistesse.

## Demande.

VNe section de Riuiere estant donnée, que l'on en puisse imaginer vne autre, qui soit egale a la donnée, de differente largeur, & hauteur, & encore de differente vistesse.

## Proposition premiere.

LES sections de la mesme Riuiere iettent esgale quantité d'eau, en temps esgaux, bien que les mesmes sections soient inesgales.

Qu'il y ait deux sections *a* & *b*, en la Riuiere *c*,
qui coule d'*a* vers *b*, ie dis qu'elles ietteront efgale
quantité d'eau en temps efgaux, d'autant que fi vne
plus grande quantité d'eau paffoit par *a* qu'il n'en
paffe par *b*, il s'enfuiuroit que l'eau croiftroit toufiours
dans l'efpace de la Riuiere qui eft entre *a* & *b*, ce

qui eft manifeftement faux ; mais fi vne plus grande
quantité d'eau paffoit par la fection *b*, qu'il n'en paffe
par *a*, l'eau dans l'efpace d'entredeux *c* diminueroit
continuellement, & s'abaifferoit toufiours, ce qui
pourtant eft faux ; doncques la quantité d'eau qui
paffe par la fection *b*, eft efgale a celle qui paffe par
*a*. Ce qu'il faloit demonftrer.

## Propofition feconde.

S'IL *y a deux fections de Riuieres, la
quantité d'eau qui paffe par la premiere, a à la quantité d'eau qui paffe par la
feconde, la proportion compofée de la proportion de la premiere fection a la feconde,*

*& de la viſteſſe par la premiere, à la viſteſſe par la ſeconde.*

Qu'il y ait deux ſections *a* & *b* de deux Riuieres, ie dis que la quantité d'eau qui paſſe par *a*, à celle qui paſſe par *b*, a à la proportion compoſée des proportiõs de la premiere ſection *a* à la ſection *b*, & de la viſteſſe par *a* à la viſteſte par *b*. Suppoſons vne ſection égale en grandeur à la ſection *a*, mais qui ſoit eſgale en viſteſſe à la ſection *b*, & qu'elle ſoit *g*, & faiſons que comme la ſection *a* à la ſection *b*, ainſi la ligne *f* à la ligne *d*, & comme la viſteſſe par *a* à la viſteſſe par *b*, ainſi la ligne *d* à la ligne *r*, doncques l'eau qui paſſe par *a* à

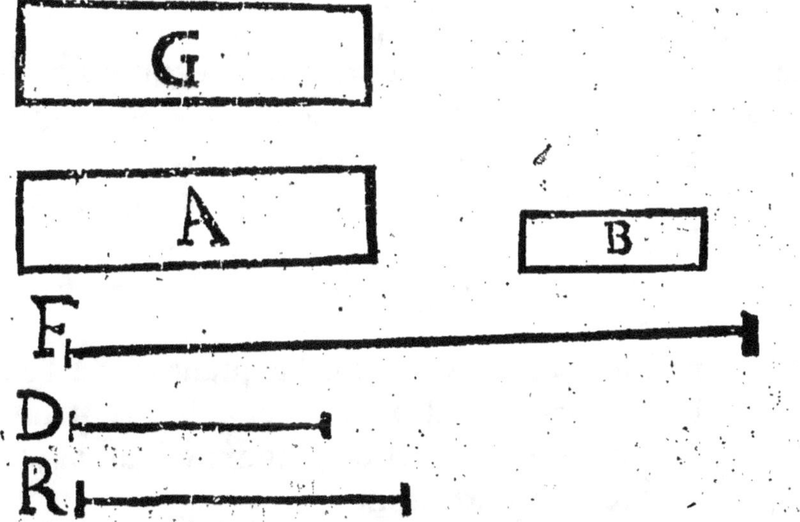


celle qui paſſe par *g* ( à cauſe que les ſections *a* & *g* ſont egales en grandeur, mais ineſgales en viſteſſe ) ſera comme la viſteſſe par *a* à la viſteſſe par *g* : mais comme la viſteſſe par *a* à la viſteſſe par *g* ainſi eſt la viſteſſe par *a* à la viſteſſe par *b*, c'eſt à dire la ligne *d* à la ligne *r*, doncques la quantité d'eau qui paſſe par *a* à la quantité d'eau qui paſſe par *g*, ſera comme la ligne *d* à la ligne *r*. Mais la quantité qui paſſe par *g* à celle qui paſſe par *b* ( à cauſe que les deux ſections *g* & *b* ſont egalement viſtes ) ſera comme la ſection *g* à la ſection *b*, c'eſt à dire comme la ſection *a* à la ſection *b*, c'eſt à dire comme la ligne *f* à la ligne *d* : doncques par la proportionalité egale, & troublée, la quantité d'eau, qui paſſe par *a*, à celle qui paſſe par *b*, aura la meſme proportion qu'à la ligne *f* à la ligne *r*. Mais *f* a *r* à la proportion compoſée des proportions de *f* à *d*, & de *d* a *r*, c'eſt à dire de la ſection *a* à la ſection *b*, & de la viſteſſe par *a* à la viſteſſe par *b* : doncques encore la quantité d'eau, qui paſſe par la ſection *a* à celle qui paſſe par la ſection *b*, aura la proportion compoſée des proportions de la ſection *a* à la ſection *b* & de la viſteſſe par *a* à la viſteſſe par *b* : & par conſequent, s'il y a deux ſections de Riuieres, la quantité &c. ce qu'il faloit demonſtrer.

## Corollaire.

LE meſme s'enſuit, bien que la quantité de l'eau, qui paſſe par la ſection *a* ſoit egale à la quantité d'eau, qui paſſe par la ſection *b* comme il eſt euident par la meſme demonſtration.

## Propoſition troiſieſme.

S'IL y a deux ſections ineſgales, par leſ-quelles paſſe eſgale quantité d'eau en *temps egaux, ces sections ont entre elles la proportion reciproque de leurs vistesses.*

Qu'il y ait deux sections inesgales, par lesquelles passe esgale quantité d'eau en temps esgaux, *a* soit la plus grande, & *b* la moindre, ie dis que la section *a* aura à la section *b* la mesme proportion reciproque qu'à la vistesse par *b*, a la vistesse par *a*, d'autant

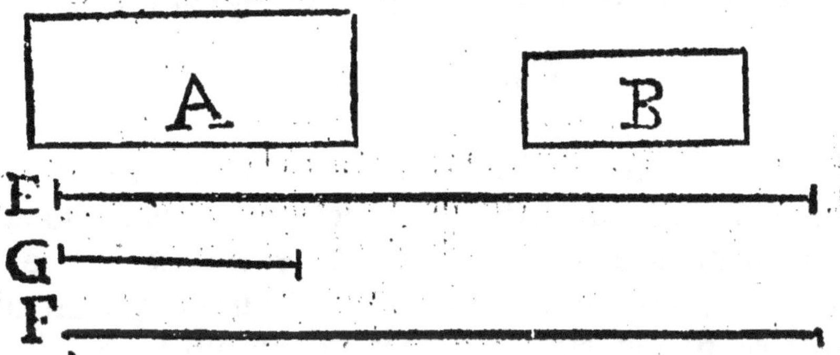


que comme l'eau qui passe par *a* est a celle qui passe par *b*, ainsi la ligne *e* soit a ligne *f*, doncques pour estre la quantité d'eau, qui passe par *a*, egale a celle qui passe par *b*, aussi la ligne *e* sera egale a la ligne *f*. Supposons encore, comme la section *a* à la section *b*, ainsi la ligne *f* a la ligne *g*, & parce que la quantité d'eau qui passe par la section *a* a à celle qui passe par la section *b*, la proportion composée des proportions de la section *a* à la section *b*, & de la vistesse par *a* à la vistesse par *b* : doncques la ligne *e* a la ligne *f* aura la proportion composée des mesmes proportions, c'est à dire de la proportion de la section *a* à la section *b*, & de la vistesse par *a* à la vistesse par *b*, mais

par *b*, mais la ligne *e* a la ligne *g*, à la proportion
de la section *a* à la section *b*, doncques la proportion
qui reste de la ligne *g* à la ligne *f*, sera la proportion de la vistesse par *a* à la vistesse par *b*, doncques la
ligne *g* à la ligne *e*, sera comme la vistesse par *a* à la
vistesse par *b*, & par conuersion, la vistesse par *b* à la
vistesse par *a*, sera comme la ligne *e* à la ligne *g*, c'est
à dire comme la section *a* à la section *b*. Et partant
s'il y a deux sections &c. ce qu'il faloit demonstrer.

## Corollaire.

DE la il est manifeste que les sections de la mesme
Riuiere ( lesquelles ne sont autre chose que la
mesure ordinaire de la Riuiere) ont entre elles la proportion reciproque de leur vistesse, d'autant que, en la
premiere proposition, il a esté demonstré, que les
sections de la mesme Riuiere, iettent esgale quantité
d'eau en temps esgaux, doncques, par ce que nous
venons de demonstrer, les sections de la mesme Riuiere, auront la proportion reciproque de leurs vistesses, & par consequent la mesme eau courante, change
de mesure, quand elle change de vistesse, c'est à dire
augmente de mesure, lors qu'elle diminuë de vistesse,
& diminuë de mesure, quand elle augmente de
vistesse.

De cela principalement depend tout ce que nous
auons dit, cy-deuant dans les discours, & dans les
Corollaires, & dependances que nous auons remarquées, & partant c'est vn point qui merite d'estre bien
entendu, & consideré.

G

## Propofition quatriefme.

SI vne Riuiere entre dans vne autre Riuiere, la hauteur de la premiere dans ſon propre lit, aura a la hauteur, qu'elle fera dans le ſecond lit, la proportion compoſée des proportions de la largeur du lit de la ſeconde Riuiere, à la largeur du lit de la premiere, & de la viſteſſe acquiſe dans le lit de la ſeconde, a celle qu'il auoit dans ſon propre, & premier lit.

Suppoſons que la Riuiere $ab$ haute autant que $ac$ & large autant que $cb$, c'eſt à dire auec la ſection $acb$, entre dans vne autre Riuiere, large autant que la ligne $ef$, & qu'elle la faſſe hauſſer de la hauteur $de$, c'eſt à dire que ſa ſection dans la Riuiere, dans laquelle elle eſt entrée, ſoit $def$: ie dis que la hauteur $ac$ à la hauteur $de$, a la proportion compoſée des proportions de la largeur $ef$, à la largeur $cb$, & de la viſteſſe par $df$ a la viſteſſe par $ab$. Suppoſez vne ſection $g$ eſgale en viſteſſe à la ſection $ab$, & de largeur eſgale à $ef$, & qu'elle iette vne quantité d'eau egale à celle que iette la ſection $ab$ en temps egaux, & par conſequent egale à celle que iette $df$: qu'on faſſe apres comme la largeur $ef$ à la largeur $cb$, ainſi la ligne $h$ à la ligne $i$, & côme la viſteſſe de $df$ à la viſteſſe de $ab$, ainſi la ligne $i$ à la ligne $l$, doncques parce que les deux ſections $ab$ & $g$ ſont egales en

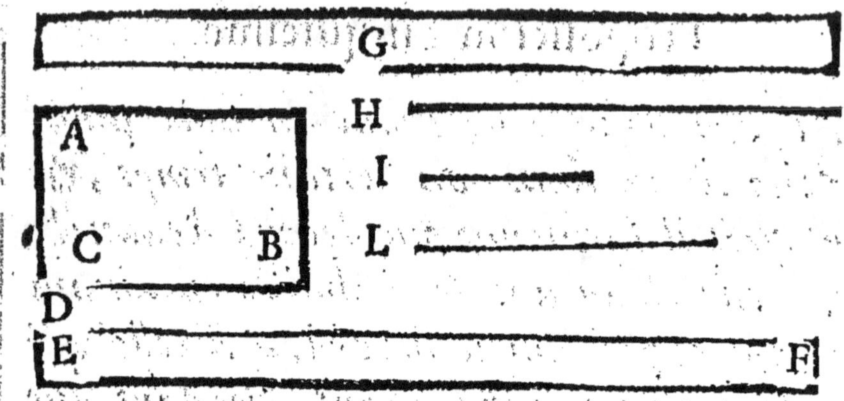

viſteſſe, & iettent egale quantité d'eau en temps
eſgaux, ce ſeront de ſections egales, & partant la
hauteur de *ab* à la hauteur de *g*, ſera comme la largeur de *g* à la largeur de *ab*, c'eſt à dire comme *ef*
à *cb*, c'eſt à dire comme la ligne *h* à la ligne *i*. Mais
parce que l'eau qui paſſe par *g* eſt egale a celle qui
paſſe par *def*, partant la ſection *g* aura à la ſection
*def*, la proportion reciproque de la viſteſſe par *def* à
la viſteſſe par *g* : mais encore la hauteur de *g* à la
hauteur *de*, eſt comme la ſection *g* à la ſection *def*,
doncques la hauteur de *g* eſt a la hauteur *de*, comme
la viſteſſe par *def* à la viſteſſe par *g*, c'eſt à dire comme la viſteſſe par *def* à la viſteſſe par *ab*, c'eſt à dire
finalement comme la ligne *i* a la ligne *l*, doncques
par la proportion eſgale, la hauteur de *ab*, c'eſt à dire
*ac*, ſera à la hauteur *de*, comme *h* a *l*, c'eſt à dire
compoſée des proportions de la largeur *cf* à la largeur *cb*, & de la viſteſſe par *df* a la viſteſſe par *ab*,
& partant ſi vne Riuiere entre &c. ce qu'il faloit demonſtrer.

# Propofition cinquiefme.

SI vne Riuiere iette vne certaine quantité d'eau dans vn certain temps, &
qu'aprés il furuienne vn debord d'eaux, la
quantité d'eau qui fe décharge en autant
de temps, pendant le debord, a à celle qui
fe déchargeoit auparauant, pendant que
la Riuiere eftoit baffe, la proportion compofée des proportions de la vifteffe du debord, à la vifteffe de la premiere eau ; &
de la hauteur du debord, à la hauteur de
la premiere eau.

Suppofons vne Riuiere, laquelle pendant qu'elle
eft baffe, coule par la fection *af*, & qu'apres il furuienne vn debord d'eaux, & qu'elle coule par la fection
*df*, ie dis que la quantité d'eau qui fe defcharge par
*df* a à celle qui fe defchargoeit par *af*, la proportion
compofée des proportions de la vifteffe par *df* à la
vifteffe par *ef*, & de la hauteur *db* à la hauteur *ab*. Pofons que comme la vifteffe par *df* à la vifteffe par *af*,
ainfi la ligne *r* foit à la ligne *f*, & comme la hauteur *db*,
à la hauteur *ab*, ainfi la ligne *f* à la ligne *t*, & pofons vne
fection *lmn* efgale à *df* en hauteur, & largeur, c'eft
à dire que *lm* foit egale à *db*, & *mn* efgale à *bf*, mais
qu'elle foit efgale en vifteffe à la fection *af*, doneques

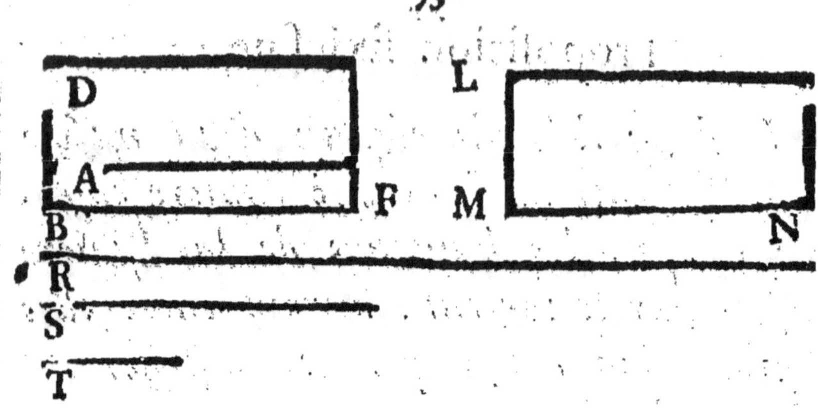

la quantité d'eau, qui court par *df*, fera à celle qui paffe par *ln*, comme la viteffe par *df* à la viteffe par *ln*, c'eft à dire à la viteffe par *af*, & d'autant que la ligne *r* eft à la ligne *s*, comme la viteffe par *df* à la viteffe par *af*, doncques la quantité qui paffe par *df* aura a celle qui paffe par *ln*, la proportion de *r* a *s*, mais la quantité qui paffe par *ln*, a celle qui paffe par *af*, ( à caufe que les fections font egalement viftes ) aura la proportion, qu'a la fection *ln*, a la fection *af*, c'eft à dire *db*, a *ba*, c'eft à dire de *s* a *t*, doncques par la proportion egale, la quantité d'eau qui paffe par *df*, aura a celle qui paffe par *af*, la proportion de *r* a *t*, c'eft à dire compofée des proportions de la hauteur *db*, à la hauteur *ab*, & de la viteffe par *df*, a la viteffe par *af*, & partant fi vne Riuiere &c. ce qu'il faloit demonftrer.

## *Annotation.*

L'On pourroit demonftrer la mefme chofe par la feconde propofition cy-deffus demonftrée, ainfi qu'il eft manifefte.

# Propofition fixiefme.

SI deux debords efgaux d'vn mefme torrent entrent dans vne Riuiere en diuers temps, les hauteurs de la Riuiere caufées par le torrent, auront entre-elles la proportion reciproque des viteffes acquifes en la Riuiere.

Suppofons deux debords efgaux du mefme torrent, $a$ & $b$, lefquels entrant dans vne Riuiere, en diuers temps, faffent les hauteurs $cd$, & $fg$ : c'eft à dire que le debord $a$ faffe la hauteur $cd$, & le debord $b$ faffe la hauteur $fg$ : c'eft à dire que leurs fections dans la Riuiere, dans laquelle les debords font entrez, foient $ce$, $fh$, ie dis que la hauteur $cd$ aura à la hauteur $fg$, la proportion reciproque de la viteffe par $fh$, à la viteffe par $ce$, d'autant que la quantité d'eau qui paffe par $a$, eftant egale à la quantité qui paffe par $b$ en temps efgaux, auffi la quantité qui paffe par $ce$, fera egale à celle qui paſſe par *fh*, & partant la propórtion que la ſection *ce* a à la ſection *fh*, ſera la meſme que de la viſteſſe par *fh* à la viſteſſe par *ce*, mais la ſection *ce* à la ſection *fh*, eſt comme *cd* à *fg*, parce qu'elles ſont de meſme largeur, doncques *cd* à *fg* aura la proportion reciproque de la viſteſſe par *fh* à la viſteſſe par *ce*, & partant ſi deux debords d'vn meſme torrent, &c. Ce qu'il faloit demonſtrer.


# FIN.

# TRAICTÉ DV MOVVEMENT DES EAVX D'EVANGELISTE TORRICELLI MATHEMATICIEN DV GRAND DVC DE TOSCANE.

*TIRÉ DV TRAICTÉ DV MESME AVTHEVR,*
*du mouuement des corps pesans qui descendent*
*naturellement, & qui sont icttez.*

A CASTRES,

Par BERNARD BARCOVDA, Imprimeur
du Roy, de la Chambre de l'Edict, de ladite
Ville & Diocese. 1664.

# A MONSIEVR
# FERMAT
## CONSEILLER DV
## ROY AV PARLEMENT
### DE TOLOSE.

*ONSIEVR,*

*Ie vous rends ce qui est vostre : cette traduction que ie vous presente du Traicté de Torricelli du mouuement des eaux est a vous, parce que vous m'aués fait l'honneur de m'exhorter à y tra-uailler, & que vous m'auez fait cognoistre, qu'elle ne pouuoit mieux paroistre en public, qu'en suite du Traicté de la mesure des eaux Courantes de Castelli, qu'il re-cognoist pour son Maistre, & sur les demonstrations duquel il appuye presque toutes ses propositions. Mais elle vous appartient, MONSIEVR, à vn plus iuste tiltre, puis que cét ouurage, qui a esté composé par vn*

des plus sçauans Mathematiciens d'Italie, sur vne matiere tres-curieuse, & toute nouuelle, ne pouuoit mieux
estre exposé aux yeux du public, que soubs la faueur de
celuy que tous les plus grands Mathematiciens, ie ne
dis pas de la France seulement, mais aussi de toute
l'Europe admirent, & reuerent d'vne façon toute particuliere. Lors qu'ils ont de difficultez dans ces scien-
ces abstruses, dont les inuentions admirables font voir
& l'excellence, & la diuinité de nostre ame, ils re-
courent a vous, MONSIEVR, comme à l'Oracle
qui dissipe en vn moment les tenebres, qui les enuelo-
poient auparauant. S'ils ont quelque dispute entre-eux
sur quelque point, dont ils ne puissent pas s'accorder,
ils vous choisissent pour l'Arbitre de leurs differens, &
ils se soumettent auec respect à la decision que vous en
faites. Tous les sçauans en toute sorte de Literature
vous consultent sur les passages difficiles, qu'ils rencon-
trent dans les liures. Ie pourrois rapporter vn grand
nombre d'excellentes remarques que vous auez faites
sur Synesius, sur Frontin, sur Athenée, & sur plusieurs
autres Auteurs, & les esclaircissemens que vous auez
donnez a de lieux obscurs qui n'auoient pas esté enten-
dus par les Scaligers, les Casaubons, les Petaus, & les
Saumaises. Enfin il semble, MONSIEVR, que
vous estez né pour gouuerner l'Empire des Lettres,
& pour estre le Souuerain Legislateur de tous les
sçauans. Si i'auois dessein de faire vostre Panegyrique,
i'estalerois icy toutes les cognoissances que vous auez,
qui sont capables de rendre les hommes, & plus doctes,
& plus gens de bien. Ie parlerois de vostre iugement
dans les affaires du Palais, ou vous auez passé la plus

grande partie de voſtre vie, & ou vous auez fait paroiſtre tant d'integrité, & tant de ſuffiſance en l'adminiſtration de la Iuſtice, qu'il y a dequoy s'eſtonner, qu'ayant acquis toutes les qualitez d'vn grand Iuge, vous ayez peu acquerir vne parfaite intelligence de tant d'autres choſes, qui ſont ſi differentes de cette ſorte d'eſtude. Ie pourrois dire auec verité que la force, & l'eſtenduë de voſtre genie, a ſurmonté toutes les difficultez qui decouragent, ou qui arreſtent les autres : que vous comprenez comme en vous ioüant, ce qui occupe l'attention des plus ſubtils, & que vous penetrés dans peu de iours, & auec peu de peine, les matieres les plus difficilles, qui trauaillent les eſprits les plus vifs, & les plus ſolides, des années entieres. Mais i'en dis trop, MONSIEVR, pour voſtre modeſtie, quoy que ie n'en die pas aſſez pour voſtre merite, n'y pour la paſsion que i'ay, de vous teſmoigner, combien ie ſuis.


MONSIEVR,



Voſtre tres-humble &
tres-obeiſſant ſeruiteur.
### SAPORTA.

# TRAICTÉ DV MOVVEMENT DES EAVX.

L ne sera pas hors de propos de traicter du mouuement des Eaux, puis que entre tous les corps sublunaires, il semble qu'il n'y en a aucun, à qui le mouuement soit plus propre, & plus naturel, qu'a l'eau, qui n'est presque iamais en repos. Ie ne parle pas icy de ce grand mouuement de la mer, qui cause le flus, & le reflus. Ie ne traicteray pas aussi de la mesure, & de l'vsage des Riuieres, & des eaux courantes. L'Abbé Benoist Castelli, de qui i'ay esté Disciple, a le premier inuenté cette Doctrine, & la doctement traictée, il en a fait vn liure vrayment doré, ou il la confirmée non seulement par demonstration, mais par effets, & par experience, à la grande vtilité, & aduantage des Princes, & des peuples, & à la plus grande admiration des Philosophes. Quand à moy ie pretens faire quelques obseruations sur cette matière, qui ne sont peut-estre pas fort

importantes, ny fort vtiles, mais qui font affez cu-
rieufes.

Ie fuppofe que les eaux, qui fortent auec violence,
ont au point de leur fortie, la mefme impetuofité,
ou le mefme degré de viftefle, qu'auroit acquis vn
corps pefant, ou vne goutte de la mefme eau, fi elle
eftoit tombée naturellement, de la plus haute furface
de la mefme eau, iufques à l'ouuerture par où elle fort.

Pour exemple, fi le tuyau *a b* d'vne capacité conuenable, c'eft à dire d'vne grande largeur,
eft confideré, comme eftant toufiours
plein d'eau, iufques au niueau *a*, & qu'il
foit percé d'vn petit trou en *b*, ie fuppofe que l'eau qui fortira par le trou *b*,
aura la mefme impetuofité, qu'auroit vn
corps pefant, s'il eftoit tombé naturellement d'*a* en *b*.

Il femble que l'on peut confirmer en
quelque façon, cela mefme par raifon,
car fi l'on ioint à l'ouuerture *b* vn autre
tuyau, qui foit proprement adiufté, l'eau
qui coule de *b* dans le tuyau *bc*, a affez
de force pour s'efleuer iufques au niueau
horizontal *c a*, marqué par la ligne tirée
par l'ouuerture *a*.

Partant il femble vray-femblable, que l'eau qui fort
librement du trou *b*, a la force de retourner iufques
à la ligne horizontale, qui eft tirée par *a*, ou ce qui
eft la mefme chofe, qu'elle a autant d'impetuofité
qu'en a vn corps pefant, ou vne goutte d'eau, qui
tombe auec liberté de *a* en *b*.

L'experience

L'experience mefme femble en quelque façon prouuer ce principe, bien qu'auffi elle femble en quelque façon le deftruire. Car fi l'ouuerture *b*, eft mife en telle forte, qu'elle regarde en haut, & qu'elle foit bien ronde, & bien polie, & que la largeur de tout le tuyau, foit beaucoup plus grande que l'ouuerture *b*, nous verrons que l'eau qui en fortira par la ligne *b c*, montera presque iusques a fon niueau *a d*. Car

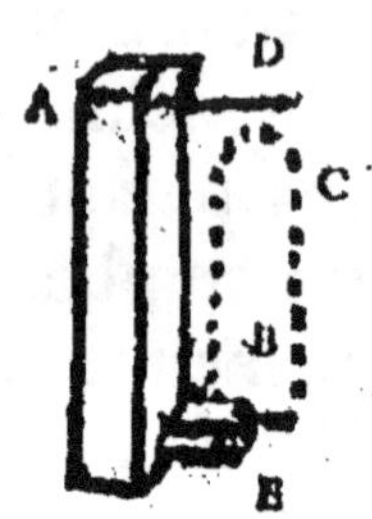

quand à la petite diftance *c d*, qui manque pour aller iusques au niueau *a d*, l'on peut en attribuer la caufe en partie à l'empefchement de l'air, qui refifte à tous les corps qui fe meuuent en luy, en partie à l'eau mefme, laquelle, lors qu'elle commence de tendre en bas de fon eleuation *c*, s'empefche, & fe retarde elle-mefme, & ne permet pas que les autres gouttes qui la fuiuent en montant, puiffent monter iusques au point ou elles monteroient par leur impetuofité. Cela paroiftra eftre ainfi manifeftement, fi l'on met la main fur le trou *b*, & qu'on le bouche entierement, & qu'aprez on l'ouure, en retirant promptement la main : car l'on verra que les premieres gouttes, qui fortiront monteront plus haut, que ne fera le filet d'eau, en *c*, aprez que l'eau aura commencé de couler en bas, car ces premieres gouttes n'ont aucune eau qui les precede, qui puiffe retarder leur mouuement a la fin de leur montée, car ie fuppofe que le filet d'eau *b c* foit perpendiculaire.

Aiouftez à cela, que fi l'on obferue l'air, qui eft à l'entour de l'eau, l'on trouuera qu'il eft meu & pouffé

I

en haut, lequel mouuement ne peut pas eſtre fait ſans force , & par conſequent ſans empeſcher le mouuement de l'eau qui monte. C'eſt pourquoy ſi l'on veut faire vne experience plus exacte de ce principe , il faut au lieu d'eau, ſe ſeruir du vif argent , parce qu'à cauſe de ſa peſanteur naturelle, il eſt plus propre pour conſeruer plus long-temps le mouuement qu'il a receu, & pour ſurmonter plus aiſement la reſiſtence de l'air. Mais l'eau à cauſe de ſa legereté s'approchera moins du point de l'eſleuation, qu'elle deuroit auoir, principalement tant plus le tuyau ſera haut, car alors à cauſe de ſon impetuoſité, elle s'eſpandra en petites gouttes comme de la roſée , & ne montera peut eſtre pas iuſques à la moitié, ou à la troiſieſme, ou quatrieſme partie de la hauteur , à laquelle elle deuroit en effet arriuer par ſon mouuement, ſuiuant les regles de la theorie, & ſuppoſé que tous les empeſchemens fuſſent oſtez.

Au reſte, s'il y a quelqu'vn qui n'acquieſce pas aux raiſons que ie viens d'alleguer, qu'il prene garde, ſi dans les propoſitions ſuiuantes, il n'en trouuera pas quelqu'vne, qu'il approuue : car ſi ce cela eſt, ie luy demonſtreray facilement la premiere ſuppoſition, par la reſolution de la propoſition, qu'il aura approuuée; que s'il ny en a aucune, qui luy plaiſe, ie luy permez tres-volontiers de paſſer par deſſus tout ce traicté des eaux, ou meſme de l'arracher du Liure ſi bon luy ſemble, quoy que ie puiſſe aſſeurer, que les experiences que i'ay faites auec toute la diligence, & l'exactitude poſſible, ont confirmé la plus grande partie des propoſitions ſuiuantes.

Ces choses estant ainsi exposées, considerons l'eau qui tombe en *e*, sçauoir sur le plan horizontal tiré par le niueau du trou *b*. Nous apprenons de Galilée, que l'impetuosité de l'eau, qui tombe de *c* en *e*, est telle qu'elle peut pousser la mesme eau, & la faire monter de *e* en *c*, doncques l'impetuosité en *e*, est la mesme qu'en *b*, mais l'impetuosité en *e* est la mesme, que celle d'vn corps pesant, tombant de *c* en *e*, ou de *a* en *b*. Car nous auons dit que le point *c* deuroit estre effectiuement au niueau *a d*, ( si tous les empeschemens, qui retardent l'eau, estoient ostez ) doncques l'impetuosité en *b*, est comme celle d'vn corps pesant tombant naturellement de *a* en *b*.

Cela ainsi supposé, nous ferons quelques demonstrations, touchant les eaux qui sortent auec violence, lesquelles semblent s'accorder merueilleusement auec la doctrine des corps, qui sont lancez ou iettez.

Premierement c'est vne chose manifeste, que toutes les eaux, qui sortent des trous de quelque tuyau percé, descriuent des paraboles, car les premieres gouttes qui sortent du tuyau, sont de la nature des corps que l'on iette, veu que quoy qu'elles soient liquides, elles sont toutesfois de petites boules pesantes, qui sont attachées les vnes aux autres, & c'est la raison pour laquelle elles descriront vne parabole, & toutes les autres qui sortiront en suite auec la mesme impetuosité ( car nous supposons, que le tuyau demeure tousiours plein d'eau ) feront le mesme chemin des precedentes, c'est pourquoy le filet continu de cette eau coulante sera vne parabole.

Quelqu'vn dira, peut estre que cela ne semble pas veritable, principalement, lors que l'ouuerture du tuyau est petite, & que l'impetuosité est forte. Car alors, ( ainsi que l'on voit aux filets d'eau, qui sortent auec plus de violence des tuyaux des fontaines, ) la premiere partie du filet d'eau qui monte, semble plus tenduë, & approcher plus de la parabole : mais la derniere partie, c'est à dire, celle qui est formée par l'eau qui descend, paroist plus couchée, & pour ainsi dire plus languissante, & plus courbée. Respondant à cette obiection, ie dis que non seulement la propo-sition precedente, mais la plus grande partie des suiuantes sont subiettes à cette difficulté, mais que la cause de ce phenomene vient du milieu, qui appor-te vn retardement, & vn changement fort sensible au mouuement du corps qui s'y meut, & beaucoup plus grand, que celuy qu'il cause aux corps qui sont lancez par de Machines de guerre, parce que les corps qu'elles poussent, sont de bales de plomb, de fer, ou du moins de marbre, mais icy, ce n'est qu'vne ligne, & vne ligne d'eau. Il ne faut donc pas trouuer estrange, que encore que le fondement de cette do-ctrine soit aussi vray, dans la Theorie en cette matiere, qu'il l'est aux corps iettez de Galilée, toutesfois ces experiences sont fort esloignées de ces contempla-tions, de sorte que pour les faire plus exactement, il faudroit les faire, ou dans vn milieu, qui ne fit au-cune resistance, ou du moins, il faudroit se seruir des corps, qui fussent d'vne matiere tres-pesante : bien que si quelqu'vn veut faire toutes ces experiences, d'vne hauteur mediocre, & auec vne exacte diligence,

il remarquera que le defaut eſt fort petit, & preſque
inſenſible. L'experience, qui m'a confirmé preſque
toutes ces ſpeculations, a eſté faite auec vn tuyau, ou
pluſtot vn coffret parallepipede, qui auoit plus d'vn
pan geometrique de hauteur, & dont la baſe n'eſtoit
pas moindre d'vne ouuerture de la main en quarré:
quand aux trous, ils eſtoient ronds, & plus grands
que le cercle de la prunelle d'vn homme, faits auec
grande exactitude, dans de lames de cuiure, fort min-
ces, & poſées perpendiculairement ſur l'horizon, car
l'eau qui ſort auec violence, ſort touſiours par vne ligne
qui eſt perpendiculaire ſur le plan, d'ou elle ſort,
d'ou il arriuoit que les iets d'eau, qui ſortoient de
noſtre tuyau, eſtoient horizontaux.

Eſtant donné vn tuyau, *a b* qui ſoit touſiours plein,
& qui ſoit proprement
percé des trous *c d e*, c'eſt
à dire, qu'ils ſoient de figure circulaire, & que leur
ouuerture ſoit horizontale,
c'eſt à dire, qu'elle ſoit faite dans vne lame mince,
plaine, & perpendiculaire

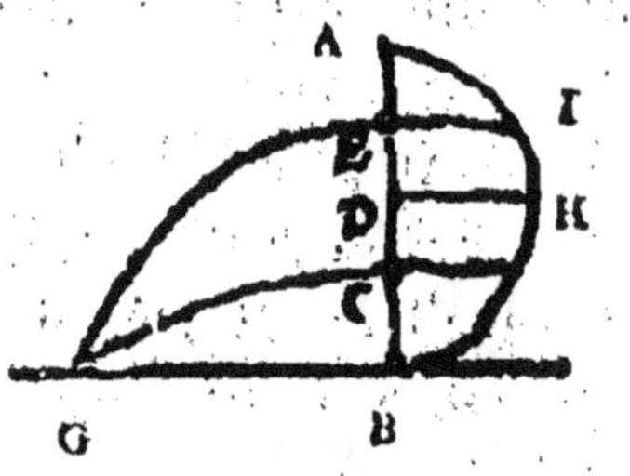

à l'orizon, & eſtant donné quelque horizon que ce
ſoit *b g*, trouuer l'ouuerture de chacune des paraboles.
Qu'on faſſe ſur le diametre *a b*, vn demy cercle *a h b*,
l'ouuerture de la parabole qui coule du point *e*, eſt
double à la ligne *e i*, tirée horizontalement dans le
demi-cercle, & l'ouuerture de la parabole qui coule
du point *d*, eſt double à la ligne *d h*, & cela ſe prou-
ue, parce que puis que l'eau eſt comme vn corps ietté,

& que par la ſuppoſition, le point de la ſublimité eſt
*a*, par la propoſition cinquieſme de Galilée, les
moitiez des ouuertures ſont moyennes proportio-
nelles entre la ſublimité ª & la hauteur, c'eſt pourquoy
les moitiez des ouuertures ſeront eſgales aux lignes
*e i, d h.*

## Corollaires.

DEla il eſt manifeſte, que ſi le tuyau *a b*, eſt percé
au point *d*, qui eſt au milieu de la hauteur, alors le
iet, qui ſortira de *d*, tombera plus loin, qu'aucun autre.

Il eſt auſſi euident, que les points qui ſont eſgalement eſloignez du point du milieu *d*, font des ouuertures eſgales.

Il s'enſuit encore, que les paraboles les plus baſſes
ſont touſiours plus ouuertes, que les plus hautes, parce
qu'elles ont vne plus grande ſublimité, c'eſt à dire le
coſté droit plus grand, car la ſublimité eſt la quatrieſme partie du coſté droict, comme il a eſté montré.

Eſtant donné le tonneau, ou le
tuyau *a b*, qui ſoit proprement percé
en *c*, & qu'il faſſe le iet *c d*, trouuer
le niueau horizontal de l'eau, cachée
dans le tuyau, ou ſa plus haute ſurface.

Soit l'horiſon *d f*, & qu'on allon-
ge *c b* en *f*, & que *f d* ſoit diuiſée au
milieu en *e*, & qu'on faſſe comme

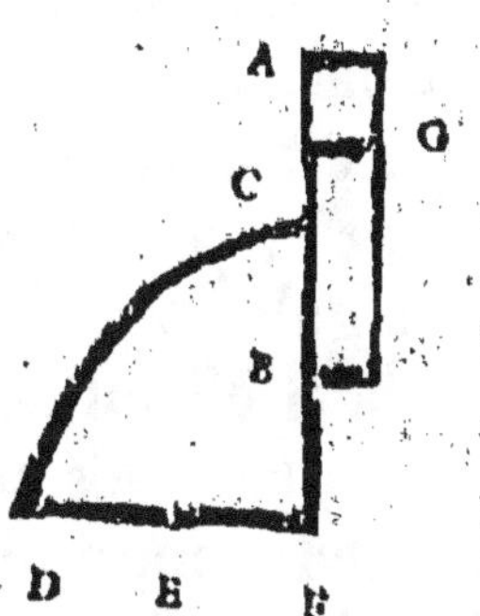


a, La ſublimité eſt la ligne qui eſt entre le point de la ſurface, &
le trou par ou l'eau ſort.

La hauteur eſt la ligne qui eſt entre le trou par ou l'eau ſort,
& la ligne horizontale.

*ef* hauteur, à *e f* demie bafe, ainfi *f e* à vne autre ligne qui fera la fublimité *e g*. Il fera donc euident que le niueau de l'eau cachée dans le tuyau, paffe par le point *g*.

Si le tuyau *a b*, eft proprement percé, où que ce foit, comme en *c*, le iet d'eau qui coulera, touchera la furface du cone rectangle, qui aura le tuyau mefme pour fon axe, & dont la pointe fera dans le niueau de l'eau.

Que l'angle du cone *b a e* foit demy droit, & que le tuyau *a b*, c'eft à dire, la ligne dans laquelle font les trous, foit mis pour l'axe du cone, qu'on prene la ligne *c d*, efgale à *c a*, & qu'on tire l'horizon tel qu'eft *d e*. Ie dis que la parabole paffe par *e*. S'il fe peut faire qu'elle paffe par *b*, puis que *c a* eft la fublimité de l'eau, elle fera la moitié de la ligne *d b*, moyenne proportionnelle entre les deux efgales *d c*, *c a*, & partant toute la ligne *d b* fera efgale à *d a*, ou *d e*, ce qui eft abfurde, fi doncques la parabole paffe par le point *e*, la tangente fera *e a*, puis que *a c*, & *c d*, font efgales.

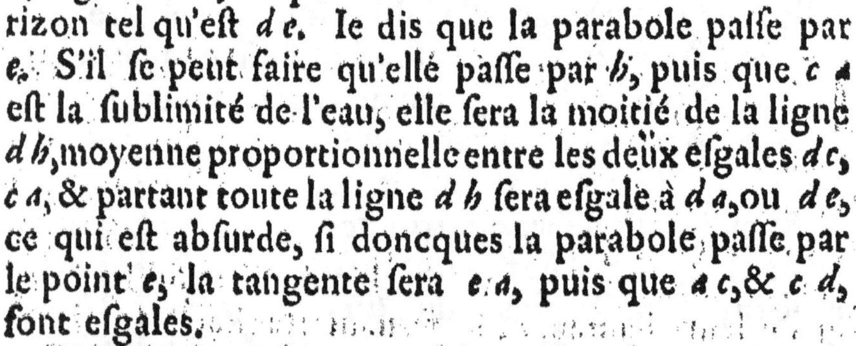


Dela il eft euident que fi le tuyau eft proprement percé en tous fes points, tous fes iets fembleront en quelque façon, confpirer à former la figure d'vn cone rectangle, mais fi, non pas le tuyau, mais vne petite boule mife fur fon fommet eft proprement percé en tous fes points, tous les iets formeront la figure d'vne conoide parabolique, ainfi que nous auons demonftré ailleurs.

Les viſteſſes de l'eau, qui ſort du tuyau *a b* percé, ſont comme les lignes apliquées en la parabole, à la ſublimité de chacune d'elles.

Soit donné le tuyau *a b*, qui ſoit touſiours plein d'eau, & qu'il en ſorte de iets aux trous *c d*, & ayant deſcrit la parabole *a e f*, à l'entour de l'axe *a b*, que l'on tire les lignes *c e*, *d f*, doncques la viſteſſe en *c*, ſera à la viſteſſe en *d*, comme l'impetuoſité d'vn corps peſant tombant de *a*, à *c*, à l'impetuoſité du meſme corps tombant de *a*, à *d*, ſçauoir comme *c e*, à *d f*, ainſi que nous l'auons demonſtré ailleurs.

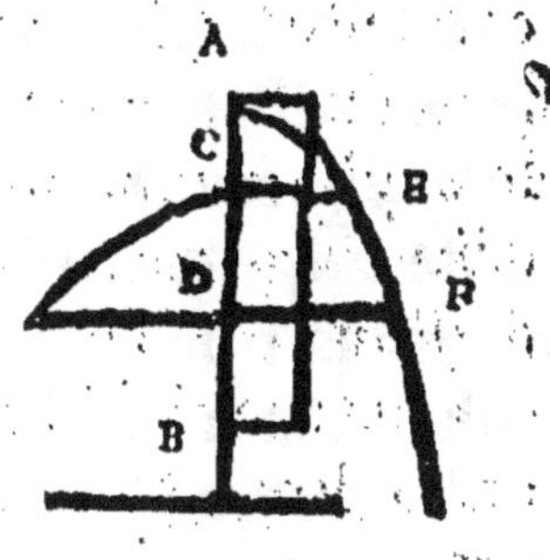


## *Corollaire.*

**I**L s'enſuit de là, par la doctrine de l'Abbé Caſtelli, que la quantité d'eau, qui ſort par le trou *c*, eſt à la quantité d'eau qui ſort par le trou *d*, ( poſé que les trous ſoient eſgaux ) comme la ligne *c e*, à la ligne *d f*, c'eſt à dire, que les eaux qui ſortent des trous eſgaux, ſont en raiſon ſous-double de leurs ſublimitez, ou de leurs hauteurs, le ſçauant Raphael Magiotti, dont l'eſprit eſt remply de toutes ſciences, & de toute ſorte de literature, a eſté le premier qui a recherché, & deſcouuert par experience, la verité de ce Corollaire, & l'a confirmé par vn heureux ſuccez.

Mais lors que les trous ſeront ineſgaux, la quantité de l'eau qui ſort, auront entre elles la raiſon compoſée de la raiſon des viſteſſes, & de la raiſon des trous.

Si le tuyau

Si le tuyau *a b*, fait en cylindre, ou en prifme, percé au fond *b*, coule, & qu'on ne verfe aucune autre liqueur pardeffus, les viteffes de la plus haute furface de l'eau cachée, decroiftront felon la mefme raifon, que decroiffent les lignes rangées, & appliquées par ordre, en la parabole *b d*, qui a pour fon axe *b a*,

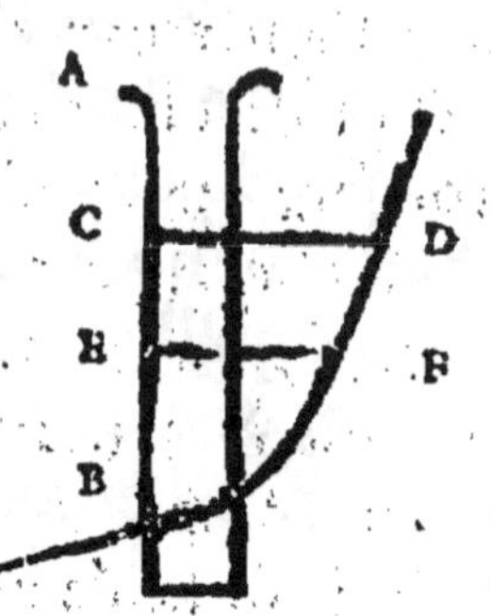

& pour fa pointe *b*. Cela eft manifefte. Car lors que la plus haute furface de l'eau fera *c*, la viteffe fera *c d*, & lors que la plus haute furface fera *e*, la viteffe fera *e f*, parce qu'il vient d'eftre demonftré, & il fera toufiours ainfi.

Cercher quel eft le folide, qui eft formé par les eaux qui tombent.

Soit vn fort grand vaiffeau *a b*, qui foit toufiours plein d'eau, au fond duquel il y ayt vn trou rond *c d*, & que le folide d'eau qui en coule, foit *c o p d*, & que l'axe du

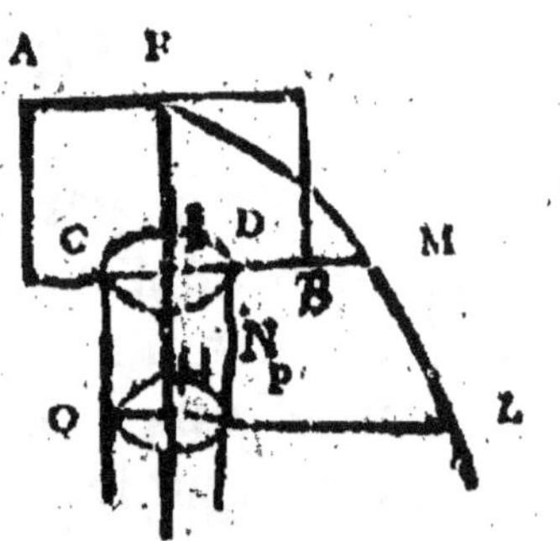

folide foit *f h*. Ie dis que la ligne *d n p*, qui, a formé ce folide, eft telle, que le nombre double-quarré du diametre *c d*, au double-quarré du diametre *o p*, eft reciproquement comme la hauteur *f h*, à la hauteur *f i*:

L'Abbé Caftelli monftre, que la fection *c d*, à la fection *o p*, eft reciproquement, comme la viteffe en *o p*, à la viteffe en *c d*, c'eft à dire comme *h l* à *i m* en la parabole *f m l*. Cela pofé, le nombre quarré

K

du diametre *c d,* au quarré *o p,* eſt comme le cercle
*c d,* au cercle *o p,* c'eſt à dire comme *h l* à *i m.* Or le
nombre quarré de *h l,* au quarré *i m,* eſt comme *h f*
à *f i* : doncques le nombre double-quarré du diametre *c d,* au double quarré *o p,* eſt reciproquement,
comme la hauteur *f h* à la hauteur *f i.* Ce qu'il faloit
demonſtrer.

Soit donnée en la meſme figure la hauteur *f i,* 100 ;
*f h,* 160 , & le diametre du trou *c d,* ſoit donné 50. :
L'on demande , quel ſera le diametre du ſolide *o p* :
ſoit fait comme *f h,* à *f i,* ceſt à dire comme 160, à
100 : ainſi le nombre double-quarré du diametre *c d,*
ſçauoir 6250000 : à vn autre qui ſera 3906250 : le
meſme ſera le nombre double-quarré du diametre *o p,*
ſi doncques on en tire la racine double-quarrée, elle
prouiendra 44. & 5 onzieſmes à peu prés, nous dirons
doncques, que le diametre *o p,* eſt de cette grandeur.

Eſtant donné la ligne *b d,*
direction du ruyau *a b,* & le
point *c,* ſur lequel tombe
l'eau coulante , trouuér la
plus haute ſurface de l'eau
cachée : que la ligne *a b d,* ſoit
prolongée, & que du point

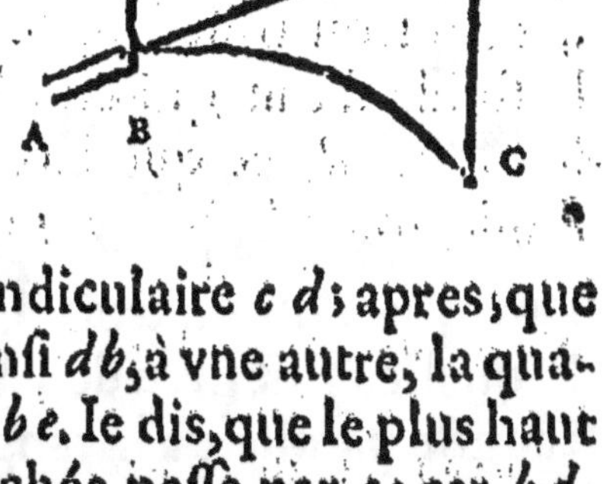


*c* ſoit dreſſée vne ligne perpendiculaire *c d* ; apres, que
l'on faſſe comme *c d* à *d b,* ainſi *d b,* à vne autre, la quatrieſme partie de laquelle ſoit *b e.* Ie dis, que le plus haut
niueau, ou ſurface de l'eau cachée, paſſe par *e* : car *b d,*
eſt la tangente de la parabole, & *c d,* eſt parallelle au diametre, doncques le quarré *b d,* ſera eſgal au rectangle
ſoubs *c d,* & le coſté droit, c'eſt pourquoy cette ligne

trouuée ( la quatriefme partie de laquelle nous auons
posé eftre *b e* ) fera le cofté droit, & *b e* la fublimité,
ce qu'il faloit demonftrer.

l'aduertis derechef, afin que les efperiences s'ac-
cordent auec les demonftrations, que le trou *b* doit
eftre fait dans vne lame mince, & vnie, à laquelle la
ligne droite *b d*, foit perpendiculaire, le refte du tuyau
interieur *b a*, & iufques au commencement de l'aque-
duct, doit eftre fort grand, & fort large, car tant plus
il fera large, tant plus l'experience fera exacte.  Mais
toutes les fois que l'eau, qui coule par le tuyau caché,
deura paffer par vn deftroit, l'on trouuera toutes cho-
fes-fauffes, comme il arriuera auffi, fi l'eau par vne trop
grande impetuofité, fe diffipe en rofée tref-menuë,
dez-qu'elle fera fortie.

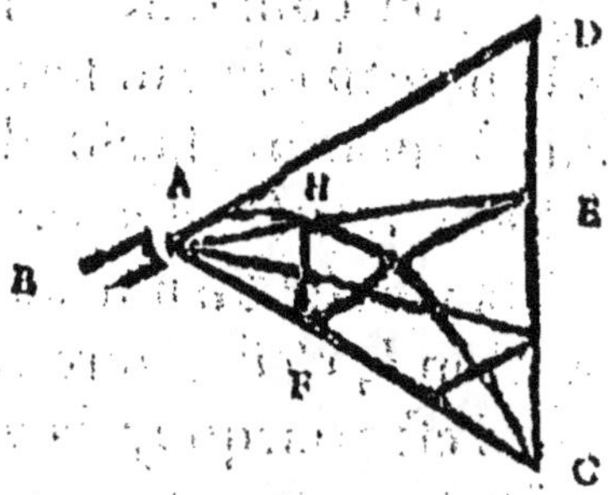

Eftant donnée la dire-
ction *a d*, du tuyau *b a*, &
le point *c*, fur lequel tombe le iet d'eau, defcrire
oute la parabole de l'eau
qui coule.

Qu'on prolonge la li-
gne *b a d*, & que l'on eleue
la perpendiculaire *c d*, apres qu'on ioigne *a c*. Maintenant que l'ontire trois lignes *a e*, *e f*, *f h*, la premiere
defquelles foit tirée de l'angle *a*, comme que ce foit, la
feconde parallele à la tangente, & la troifiefme parallele au diametre, & le point *h*, fera le paffage de la parabole, comme il eft certain par les demonftrations precedentes, & ainfi de tous les autres points de la parabole demandée.

Estant donné le vaisseau *a b*, soit cylindre, ou prisme, qui soit percé au fond par le trou *b*, la vistesse de l'eau, qui sortira par *b*, respondra tousiours en la mesme raison, a la vistesse du niueau, ou de la plus haute surface de l'eau descendante dans le vaisseau.

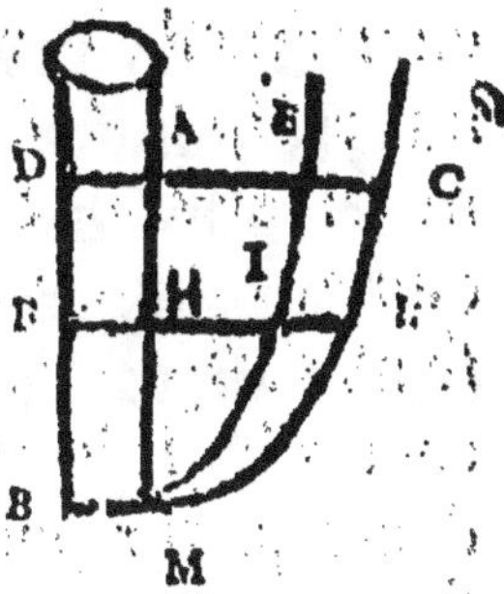

Lors que le niueau de l'eau, dans le vaisseau est *a d*, que la vistesse de l'eau qui sort par *b*, soit *a c*, Alors que l'on fasse, comme la section *a d*, du vaisseau, à la section du trou *b*, ainsi *a c*, à *a e*. Et par la doctrine de Castelli *a e*, sera la vistesse du niueau *d e*, en descendant. Maintenant que l'on fasse à l'entour du diametre *a m*, par *c* & *e*, deux paraboles *m c*, *m e*.

Que l'on considere apres vn autre niueau *f h*, lors que le niueau de l'eau sera à *f h*, alors, parce que nous auons demonstré, la vistesse en *b* sera, comme la ligne *h l*. Mais par la doctrine de Castelli, la vistesse en *b*, sera à la vistesse du niueau *f h*, comme la section *f h*, à la section *b*, c'est à dire comme *c a*, à *a e*, & tousiours ainsi. C'est pourquoy la vistesse de l'eau, qui coule, à la vistesse du niueau, qui descend en quelque lieu qu'on le considere, sera tousiours comme la ligne appliquée à la plus grande parabole, à celle qui est appliquée à la moindre, c'est à dire tousiours en mesme raison.

Cette demonstration se peut encore faire, d'vn autre façon. Que l'on suppose dans le vaisseau *a b*, vne certaine section *f h*, qui ne soit pas la plus haute surface, & que la plus haute surface soit *d a*. Maintenant veu

que la mefme quantité d'eau paffe par la fection *b*, &
par *f h*, la viteffe en *b*, fera à la viteffe en *f h*, reciproquement, comme la fection *f h*, à la fection *b*, mais la
fection *f h*, que nous auons choifie, eft auffi vifte que la
plus haute furface *d a*, puis qu'il eft fuppofé, que le
vaiffeau eft vn cylindrre, ou vn prifme, donc la viteffe
en *b*, refpondra toufiours en mefme raifon, à la viteffe
de la plus haute furface *d a*, defcendante dans le
vaiffeau, d'autant qu'elle fera toufiours, comme la
fection du vaiffeau, à la fection du trou *b*.

## Corollaire.

Doncques lors que dans le vaiffeau les hauteurs
feront *a m*, *h m*, la viteffe de l'eau, qui fort par
*b*, pofant la hauteur *a m*, fera à la viteffe de l'eau, qui
fort par *b*, pofant la hauteur *h m*, comme la viteffe
de la plus haute furface, *d a*, à la viteffe de la plus
haute furface *f h*, cela eft euident, car prenant la
precedente conclufion, en changeant feulement, on
deduit ce Corollaire.

Les quantités des eaux, qui fortent dans vn mefme
temps, d'vn mefme trou, ou de plufieurs, qui font
efgaux, font entre-elles, en raifon fous-double de
leurs hauteurs.

Soit le vaiffeau *a b*, de la precedente figure percé
en *b*, & qu'il demeure pendant quelque temps, toufiours plein iufques à la marque *d a*, & pendant vn
autre temps, iufques a *f h*. Ie dis que la quantité de
l'eau qui fort, lors que la hauteur eft *a m*, eft à la
quantité de l'eau, qui fort lors que la hauteur eft *h m*

( entendez toufiours en vn mefme temps ) en raifon
fous-doublée des hauteurs *a m*, à *h m*, fçauoir comme
la ligne droite *a c*, à *h l*, car lors que les hauteurs font
*a m* & *h m*, les viteffes en *b* font, par le Corollaire
precedent, comme la vitefse de la plus haute furface
*d a*, à la vitefse de la plus haute furface *f h*, ou
comme la ligne appliquée *a e* à *h i*. Doncques les
quantités des eaux, qui fortent du mefme trou *b*, feront comme *a e* à *h i*. Sçauoir en raifon fous-doublée
des hauteurs *a m* à *h m*.

Cette fpeculation conuient tres-exactement, auec
l'experiēce, que i'ay faite auec vne diligence finguliere.

Il eft donné vn vaiffeau, le fommet
duquel eft *a*, qui eft percé par le trou *b*,
en telle forte qu'il dimeure toufiours
plein par l'eau, qui coule dedans par *a*.
L'on demande de quel trou, il doit eftre
percé en *c*, afin que la mefme quantité
d'eau, coulant par deffus en *a*, il demeure precifement plein comme auparauant.

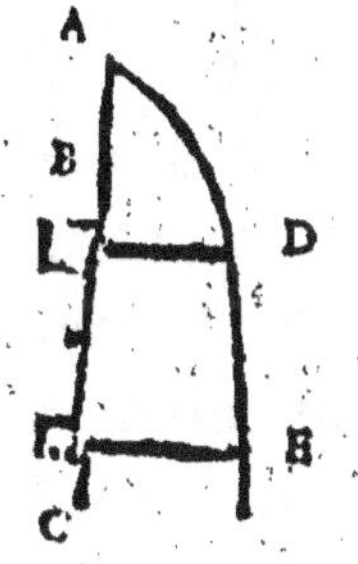


Que l'on prene entre *a b*, *a c*, la moyenne
*a i*, & que l'on faffe, comme la hauteur *c a*, à la moyenne *a i*, ainfi le trou au trou *c*, doncques le trou
*b* au trou *c*, fera comme la ligne apliquée *c e*, à l'appliquée *b d*, c'eft à dire comme la vitefse du trou *c*,
à la vitefse *b* reciproquement, & partant la mefme
quantité d'eau, fortira par l'vn, & par l'autre trou *b c*,
& le vaiffeau propofé, demeurera toufiours plein.

Il eft donné vn vaiffeau *a b*, lequel eftant percé au
fond, par le trou *b*, demeure toufiours plein d'eau,
iufques à la marque *c*, par le moyen du canal d'eau *d*,

qui coule touſiours dedans. L'on demande qu'elle quantité d'eau, il faut faire
couler, dans le meſme vaiſſeau, afin qu'il
ſe rempliſſe, iuſques à la marque *a*. Prenés
entre *a b*, *b c*, la moyenne *b c*, & faites
comme *e b*, à *b c*, ainſi la quantité de l'eau
donnée *d*, à vne autre quantité, qui coulant dedans, remplira le vaiſſeau, iuſques
à la marque *a*, & ne montera pas plus haut, ce qui ſe
demonſtre aiſement, de meſme que pluſieurs autres
choſes de cette ſorte, par ce que nous auons dit cy-
deſſus.

Declarer la proportion des eaux coulantes ( leſ-
quelles puiſſent toutesfois eſtre receuës dans quelque
vaiſſeau ) ſans aucune meſure du temps, de la viſteſſe,
ny de la ſection.

Soit donné comme en la precedente figure, le
vaiſſeau *a b*, de quelque figure que ce ſoit, percé au
fond, en telle ſorte, que la moindre quantité d'eau
coulante donnée, qui tombera dedans, ne s'eſcoule
pas toute à meſme temps, mais qu'elle croiſſe, &
qu'elle faſſe quelque hauteur dans le vaiſſeau, comme
la hauteur *b c*, & aprés qu'elle ne croiſſe plus, mais
qu'il en ſorte iuſtement par le trou, autant qu'il en
entre dans le vaiſſeau. Qu'vne plus grande quantité
faſſe la hauteur *a b*, il eſt manifeſte par les precedentes demonſtrations, que la plus grande eau, eſt a
la moindre en raiſon ſous-double, de la ligne droite
*a b*, *b c*. Car, d'autant que l'vne & l'autre eau paſſe
par la meſme ſection *b*, & que l'vne à la hauteur *a*
*b*, & l'autre la hauteur *b c*, les viſteſſes des eaux, qui

sortent par cette séction, sont en raison sous-double
de *a b*, à *c b*, doncques les quantitez des eaux coulantes, seront en raison sous-double des hauteurs, qui
ont esté faites *a b, b c.*

## *Lemme.*

SOit donné le diametre de quelque
parabole *a b*, & quelque mobile se
meuue par *a b*, auec cette condition,
qu'en quelque point, que ce soit de la
ligne *a b*, que l'on le considere, tousiours
son impetuosité soit comme les lignes
appliquées par ordre, de ce point la
dans quelque parabole, ie dis que ce mouuement est le
mesme, que celuy des corps pesans qui tombent naturellement. Que l'on comprene, que quelque corps
pesant soit meu de *a* en *b*, par vn mouuement, qui
augmente naturellement, & que l'on conçoiue sa
pesanteur estre telle, que le corps pesant, & le mobile
estãs laschez ensemble du point *a*, paruiennent à mesme temps, au point *b*. Il est manifeste, que le mouuement de ces deux mobiles sera le mesme, & tout a
fait semblable. Car en quelque point que ce soit de
la ligne *a b*, que l'on considere l'vn, ou l'autre de
ces corps, ou le mobile, ou le corps pesant, l'vn aura
la mesme impetuosité, que l'autre, c'est pourquoy aussi
ils passeront esgalement, & en mesme temps, l'espace
*a b*, & toutes ses parties, & cela sera de mesme vray, si
le mobile se meut de *b* en *a* par vn mouuement qui
n'augmente pas, mais qui diminuë.

Les vaisseaux

Les vaiſſeaux Cylindriques, ou priſmatiques percés
au fond, ſe vuident auec cette proportion, que tout
le temps eſtant diuiſé en parties eſgales, la ſortie de
l'eau dans la derniere partie du temps, eſt comme vn,
la ſortie dans la penultieſme partie, eſt comme trois,
celle de l'ante-penultieſme, eſt comme cinq, & ainſi
de ſuite, comme ſont les nombres impairs, depuis
l'vnité,

Soit donné le Vaiſſeau, ainſi qu'il
eſt poſé, qui ſoit percé au fond, &
que l'on décriue à l'entour la parabole *c d*. Nous auons deſia demonſtré, que l'eau coulant du fond, le
niueau *a e* deſcend en telleſorte, que
touſiours ſa viſteſſe, eſt comme la
ligne qui luy reſpond dans la parabole, ſçauoir que ſon impetuoſité en

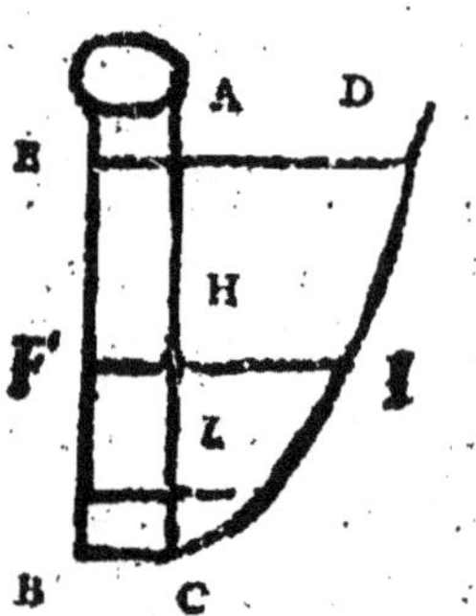

*e a*, eſt comme *a d*; en *f h*, comme *h i*, & ainſi touſiours de meſme: doncques par le lemme precedent
le mouuement du niueau *e a*, ſera comme le mouuement decroiſſant des corps peſans, qui ſe
refleſchiſſent, ou qui ſont iettez en haut, & ayant
diuiſé tout le temps de ſon mouuement, en parties
eſgales, l'eſpace *b c* parcouru par le niueau dans le
dernier temps, ſera comme 1; l'eſpace *b l*, comme 3; &
*b A*, comme 5. Car par le lemme precedent, le mouuement du niueau *a e* eſt, comme le mouuement des
corps peſans, non pas qui tombent, mais qui ſont iettez
perpendiculairement en haut, ce qui eſt la meſme
choſe, doncques le mouuement du niueau *a e*, par-
courra en temps eſgaux, les meſmes eſpaces, que

parcourt vn corps pesant, ietté en haut, sçauoir dans le dernier temps 1 dans le penultiesme 3. & ainsi de suite.

Si l'on fait vn Vaisseau conoidal parabolique, l'axe duquel soit *a b*, & qu'il soit percé au fond *b*, la sortie de l'eau pourra sembler telle, que le mouuement de la plus haute surface descendante, soit esgal, c'est à dire, qu'en temps esgaux, de quantitez esgales d'eau se vuident, ce qui toutesfois est faux. Car les conoides paraboliques sont entre-elles, comme les quarrez de leurs axes, ou de leurs hauteurs. Si nous diuisons doncques toute la ligne *a b*, en parties esgales, la conoide *c b*, sera comme 1, & *d b*, comme 4. & *e b* comme 9. & ainsi tousiours de suite, comme les nombres quarrés. Doncques la conoide *c b*, sera comme 1, & la difference *c d*, comme 3; *d e*, comme 5, *e f*, comme 7: & ainsi de suite, les differences seront, comme les nombres impairs, depuis l'vnité. C'est pourquoy il semblera a quelqu'vn, que chacune de ces differences, deura estre vuidée en temps esgaux, parce que nous auons demonstré en la precedente proposition. Mais parce que en vn tel vuidement, il importe grandement de considerer de qu'elle figure est le Vaisseau, nous disons que cela est absolument faux. Chacun en pourra comprendre la demonstration de ce qui suit.

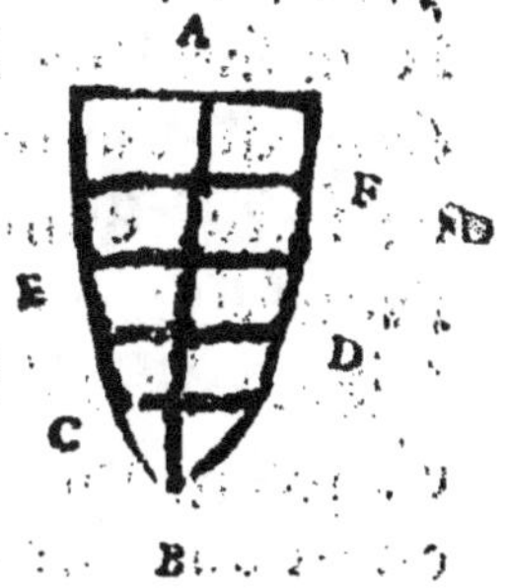

Soit donné vn Vaisseau irregulier *a b c d e*, qui soit percé au fond par le trou *c*, & que l'on y considere

deux ſections *a e*, *b d*, ie dis que la viſteſſe de la plus
haute ſurface de l'eau deſcendante, lors qu'elle ſera
*a e*, aura à la viſteſſe de la
ſurface, lors qu'elle ſera *b d*,
la raiſon compoſée de la raiſon ſous-double des hauteurs
«*f c*, à *c g*, & de la reciproque
des ſections, ſçauoir de la
ſection *b d*, à *a e*. Que l'on
conçoiue ſur la baſe de la ſection *a e*, quelle qu'elle ſoit,

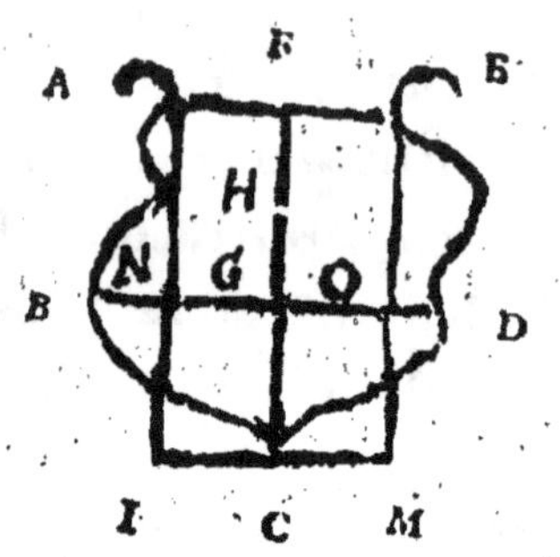


vn vaiſſeau priſmatique *a i m e*, la hauteur duquel ſoit
*f c*, maintenant la viſteſſe de la ſection priſmatique *a e*,
à *n o*, ſera, comme la ligne droite *f c*, à la ligne *c h*,
moyenne entre les hauteurs. Mais la viſteſſe de la ſection *n o*, à la viſteſſe de la ſection *b d*, d'autant qu'elles
ont la meſme hauteur, eſt reciproquement, comme la
ſection *b d*, à *n o*, doncques il eſt manifeſte, que la raiſon de la viſteſſe de la ſection *a e*, à la viſteſſe de la
ſection *b d*, eſt compoſée de la raiſon de la ligne droite
*f c*, à *c h*, & de la raiſon de la ſection *b d*, à *n o*, ou *b d*, à *a e*.

De la paroit la verité, de ce que nous diſions cy-deſſus de la conoide parabolique, ſçauoir que le mouuement de la plus haute ſurface deſcendante, n'eſt pas
eſgal, mais qu'il va touſiours en augmentant. Mais
pour ſçauoir, auec qu'elle raiſon il s'augmente, & auec
qu'elle raiſon ſe changent les viſteſſes de la plus haute
ſurface de l'eau, qui deſcend dans vn globe percé,
dans vne ſpheroide, & dans les autres corps reguliers,
il eſt aiſé de le cognoiſtre, par la contemplation des
demonſtrations precedentes.

# OBSERVATION SVR
## Synesius.

LES pages qui restent vuides dans ce cayer m'ont donné la pensée, de les remplir de la belle Obseruation, que i'ay aprise ces iours passez, de l'incomparable Monsieur Fermat, qui me fait l'honneur de m'aimer, & de me souffrir souuent dãs sa conuersation C'est sur la quinziesme lettre de Synesius Euesque de Cyrené, qui traicte d'vne matiere qui n'a esté entenduë par aucuns des interpretes, non pas mesmes par le sçauant Pere Petau, ainsi qu'il l'aduoüe luy-mesme dans les Notes qu'il a faites sur cét Autheur; Et ie donne d'autant plus volontiers cette obseruation, qu'elle a beaucoup de rapport auec les traictez qui sont cy-deuant.

C'est Euesque escrit à la sçauante Hypatia, qui estoit la merueille de son siecle, & laquelle enseignoit publiquement la Philosophie, auec l'admiration de tous les sçauans, dans la celebre Villé d'Alexandrie. I'ay traduit cette Lettre du grec en cette maniere. Ie me trouue si mal, que i'ay besoin d'vn hydroscope. Ie vous prie d'en faire faire vn de cuiure, & de me l'acheter. C'est vn tuyau en forme de Cylindre, qui a la figure, & la grandeur d'vne fleute: sur sa longueur il porte vne ligne droite, qui est coüpée en trauers par de petites lignes, par lesquelles nous iugeons du poids des eaux. L'vn des

bouts eſt couuert d'vn cone, qui eſt poſé eſgalement
deſſus, en telle ſorte que le tuyau, & le cone ont vne
meſme baſe. L'on appelle cét inſtrument Baryllion.
Si on le met dans l'eau par la pointe, il y demeurera
debout, & l'on peut aiſement compter les ſections,
qui coupent la ligne droite, & par la l'on cognoit
le poids de l'eau.

Comme nous auons perdu la figure & l'vſage de
c'eſt inſtrument, de meſme qu'vne infinité d'autres
belles choſes, que les Anciens auoient inuentées, &
dont ils ſe ſeruoient, les ſçauans de ce temps icy ſe
ſont donnez beaucoup de peine, pour comprendre
quel eſtoit c'eſt inſtrument dont parle Syneſius. Il
y en a qui ont creu que c'eſtoit vne Clepſydre, mais
le Pere Petau a reietté auec raiſon cette opinion.
Pour luy, il aduouë qu'il ne le comprend pas: il ſoup-
çonne pourtant que c'eſtoit vn iuſtrument qui ſeruoit
a niueler les eaux, & qui auoit du rapport auec celuy
dont Vitruue fait mention au liure 8. ch. 6. de ſon
Architecture, qu'il apelle Chorobates, mais il eſt
aiſé de iuger par la lecture de Vitruue, & de Syneſius ; que ce ſont deux inſtrumens fort differens, &
en figure, & en vſage ; & que ſi tous deux ont des
ſections, comme remarque le Pere Petau, celles du
Chorobates ſont perpendiculaires ſur l'horizon, &
celles de l'hydroſcope luy ſont paralleles. Ie paſſe
ſous ſilence pluſieurs autres differences, que ie pourrois remarquer, pour rapporter le ſentiment de Mon-
ſieur Fermat, qui eſt ſans doute le veritable ſens de
Syneſius. C'eſt inſtrument ſeruoit pour examiner le
poids des differentes eaux, pour l'vſage des malades ;

car les Medecins sont d'accord que le plus legeres
sont les meilleures ; le terme de ρ'οπὴ dont se sert
Synesius le monstre clairement.  Il ne signifie pas icy
*libramentum* le niuelement, côme a creu le Pere Petau,
mais en matiere de Machines, il signifie le poids, que
les Latins apellent *momentum* , & de là le traicté des
equiponderans d'Archimede a pour tiltre ἰσορ'ρ'οπικα.
Mais d'autant que la balance, ny aucun autre instru-
ment artificiel, ne pouuoit pas donner exactement la
difference du poids des eaux, à cause qu'elle est fort
petite entre elles, les Mathematiciens inuenterent sur
les principes du traité d'Archimede *de his quæ vehuntur
in aqua*, celuy dont parle Synesius, qui monstre par la
nature des eaux mesmes, la difference du poids, qu'elles
ont entre elles, la figure en est telle
*a f* est vn Cylindre de cuiure *a b* est
le bout d'enhaut, qui est tousiours ouuert ; *e f* est le bout d'embas, qui est
couuert du cone *e i f*, qui a la mesme
base que le bout d'embas: *a e* : *b f* sont
deux lignes droites coupées par diuerses petites lignes, tant plus il y
en aura, tant plus exact sera l'instru-
ment.  Si on le met par la pointe du
cone dans l'eau , & qu'on l'aiuste en
telle sorte, qu'il se tienne debout, il
n'y enfoncera pas entierement, car le vuide qu'il a
au dedans l'en empeschera ; mais il y enfoncera iufques a vne certaine mesure, qui sera marquée par
les petites lignes ; & il y enfoncera diuersement,
suiuant que l'eau sera plus , ou moins pesante ; car

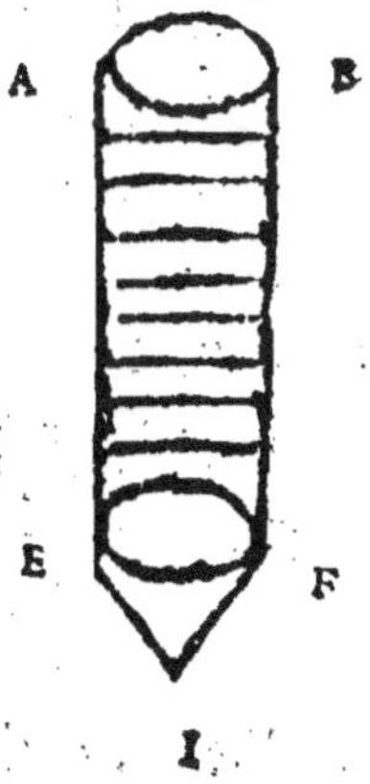

plus l'eau fera legere, plus il y enfoncera : & moins,
plus elle fera pefante, comme il nous feroit aifé de
le demonftrer, s'il en eftoit queftion icy. Voila la
figure, & l'vfage de c'eft inftrument, & la raifon de
c'eft vfage. La lettre de Synefius s'y rapporte fi
exactement dans toutes fes circonftances, que feu
Monfieur de Monchal Archeuefque de Tolofe, ayant
enuoyé cette explication au Pere Petau, il aduoüa
que Monfieur Fermat eftoit le feul qui auoit compris
quel eftoit l'inftrument, & il auoit efcrit, que dans
vne feconde impreffion il la mettroit dans fes notes.
Mais parce que cela n'a pas efte fait, i'ay creu que le
Lecteur fçauant, & curieux ne fera pas marry, que ie
luy en aye fait part.


# FIN.

www.ingramcontent.com/pod-product-compliance
Lightning Source LLC
Chambersburg PA
CBHW071314030726
47594CB00002B/416